U0213944

智能控制算法及其应用

黄从智　白焰　著

科学出版社

北京

内 容 简 介

本书主要介绍各种典型智能控制算法的基本内容、设计与实现方法及其在函数优化、电力系统中的应用。书中首先阐述智能、智能控制的基本概念，介绍智能控制与传统的经典控制理论、现代控制理论的联系和区别。然后从四种典型智能控制算法(专家系统、模糊控制、神经网络和进化计算)入手分别阐述它们的发展历史、基本内容、实现方法及其应用。最后介绍混沌模拟退火动态烟花优化算法，并将其用于优化离散时间微分平坦自抗扰控制律的参数，通过计算机仿真和基于智能优化算法试验平台开展试验以验证该算法的有效性；介绍递减步长果蝇优化算法，并将其应用于风电机组齿轮箱的故障诊断；介绍云粒子群布谷鸟融合算法，通过联合循环发电机组典型热工过程模型参数辨识实例验证该算法的有效性。

本书可作为自动化、控制科学与工程等专业本科生、硕士生智能控制相关课程的教材，也可供从事相关专业教学与科研工作的人员参考。

图书在版编目(CIP)数据

智能控制算法及其应用/黄从智，白焰著. —北京：科学出版社，2019.6
ISBN 978-7-03-061416-2

Ⅰ. ①智…　Ⅱ. ①黄…　②白…　Ⅲ. ①智能控制–算法–研究　Ⅳ. ①TP273

中国版本图书馆 CIP 数据核字(2019)第 108537 号

责任编辑：朱英彪　赵晓廷／责任校对：郭瑞芝
责任印制：吴兆东／封面设计：蓝正设计

科 学 出 版 社 出版
北京东黄城根北街 16 号
邮政编码：100717
http://www.sciencep.com

北京凌奇印刷有限责任公司 印刷
科学出版社发行　　各地新华书店经销
*

2019 年 6 月第 一 版　　开本：720×1000　1/16
2022 年 1 月第五次印刷　　印张：14 1/2
字数：290 000
定价：80.00 元
(如有印装质量问题，我社负责调换)

前　言

21 世纪的今天，人类社会的发展日新月异，国内外人工智能的发展更是如火如荼，各种智能控制算法在各行各业的应用成果层出不穷。作者在从事"智能控制"的本科生、硕士生和留学生硕士课程教学，以及智能控制算法及其在电力系统中的应用研究中，一直致力于探索构建集各种典型智能控制算法的发展历史、基本内容、算法的 MATLAB 仿真实现、半实物仿真试验验证、电力系统工程实际应用案例于一体的新型教学体系，这也是本书的写作缘由。

本书涵盖专家系统、模糊控制、神经网络和进化计算四种经典的智能控制算法，介绍其基本理论、计算机仿真实现、工程实现及其应用等内容。首先阐述智能控制的发展历史，介绍其起源和发展过程；然后介绍基本智能控制算法及其基本含义；接着分析如何采用 MATLAB 软件仿真实现这些智能控制算法，再结合实际装置介绍如何在 PLC、DCS、FCS 中通过组态设计实现各种智能控制算法；最后结合实际工程应用案例阐述如何在实际工程中设计实现智能优化算法，以获得更优良的系统性能。

本书内容相关的研究得到国家自然科学基金项目 (61304041)、北京高等学校青年英才计划项目 (YETP0703)、中央高校基本科研业务费重大项目 (2016ZZD03)、中央高校基本科研业务费军民融合项目 (2019JG004)、桂林电子科技大学智能综合自动化高校重点实验室基金项目 (智自 201502) 和华北电力大学研究生优质课程"智能控制"建设项目等的资助，特此致谢。

衷心感谢美国克利夫兰州立大学 Zhiqiang Gao 教授、加利福尼亚浸会大学 Qing Zheng 副教授、密西西比州立大学 Chaomin Luo 副教授、康涅狄格大学 Peter B. Luh 教授、新泽西理工学院 Mengchu Zhou 教授，墨西哥高等研究院 Hebertt Sira Ramiréz 教授，加拿大康考迪亚大学 Youmin Zhang 教授，意大利都灵理工大学 Enrico Canuto 教授、米兰理工大学 Hamid Reza Karimi 教授，英国利兹大学 Kang Li 教授、拉夫堡大学 Wenhua Chen 教授等国际知名自动化专家对作者开展本书相关研究工作给予的启发和帮助。

本书由华北电力大学控制与计算机工程学院黄从智副教授、白焰教授撰写。感谢杨国田教授、李新利副教授、朱耀春博士、秦宇飞博士、申忠利博士、蒋毅恒博士、袁晓磊博士、李小缤硕士等对本书写作的指导和帮助，同时还要感谢本课题组的硕士研究生杜斌、李岩、李景、穆士才、张天阳、张松涛、殷月、盛歆歆、梁伟峰和可寅的辛勤工作和鼎力相助，协助完成本书的部分内容和编辑修改工作。本书付梓之际，由衷感谢家人对我们的理解和鼎力支持，以及夜以继日的艰辛付出。没有你们的无私奉献，我们就无法全身心地投入到工作中。

本书配套 PPT 可发邮件到 hcz190@ncepu.edu.cn 索取，同时配有相应的慕课课程《智能控制》(学堂在线网址 http://www.xuetangx.com/，搜索"智能控制"，即可学习本书相关教学视频)。

由于作者水平有限，书中难免存在不妥之处，敬请广大读者批评、指正。

作　者

2019 年 2 月

目　录

第1章 绪 论

数据、信息、知识、智能分别从不同的层次描述了人类认识自然和改造自然的能力。智能控制理论针对传统控制理论的不足，为解决未知环境下的不确定性控制问题开辟了新的思路和途径。本章从 PID 控制策略入手，详细分析智能控制理论与传统控制理论的联系和区别。

1.1 智能控制的发展历史

1948 年，美国麻省理工学院的 Wiener 教授在《控制论：或关于在动物和机器中控制和通信的科学》一书中断言，机器将比人类更加聪明，工业革命将造成大脑的贬值 [1]。目前，新一轮科技革命和产业变革正在孕育。随着移动互联网、大数据、超级计算、物联网、脑科学等新理论与新技术的不断涌现以及我国经济社会发展需求的增强，大数据的积聚、理论算法的革新、计算能力的提升及网络设施的演进，都在驱动人工智能发展进入新阶段 [2-4]。国内外人工智能理论和技术研究迅猛发展，逐渐呈现出深度学习、跨界融合、人机协同、群智开放和自主操控等复杂特征，为智能科学与技术的发展带来了巨大的挑战和机遇 [5]。

未来，"人工智能"将"无时不有，无处不在"。智能化已成为国际社会技术和产业发展的重要方向，人工智能具有显著的溢出效应，正在成为推进供给侧结构性改革的新动能、振兴实体经济的新动力、建设制造强国和网络强国的新引擎 [6]。随着人工智能技术的迅猛发展及相关产业的革新性进展，可以预见，在不远的将来，它会显著促进人类社会经济的持续发展。人工智能与传统的控制理论相结合，将会迸发出更多智能控制的智慧火花，形成更多更先进的能够广泛应用于工程实践的智能控制理论和技术，例如，适用于复杂有色冶金生产过程的智能建模、控制与优化理论体系和实际应用 [7]，已经在航空航天领域得到广泛应用的基于特征模型的智能自适应控制理论和方法 [8]，基于自适应动态规划的智能优化控制理论和方法 [9]，基于关联规则的智能优化模型及智能优化方法 [10]，机器智能的自适应系统 [11]，柔性智能控制理论和方法 [12] 等。关于智能控制理论和技术的专著、教材等参见文献 [13]~文献 [31]，基于 MATLAB 仿真软件设计与实现智能控制算法的内容参见文献 [32]~文献 [34]，基于 LabVIEW 仿真软件设计与实现智能控制算法的内容参见文献 [35]。近年来，智能控制理论和技术更是在工业、交通等诸多领域得到了广泛的应用，典型应用包括 3D 打印 [36]、家用锂离子电池储存系统 [37]、智

能交通 [38,39]、智能微网控制 [40,41]、工业过程 [42-44]、假肢踝关节 [45]、直流-直流降压变换器 [46]、太阳能斯特林泵 [47]、并网风力-光伏混合动力系统 [48] 等。最新研究进展详见文献 [49]。

在人工智能发展的早期，人们普遍认为智能控制 (intelligent control, IC) 是二元论，也就是人工智能 (artificial intelligence, AI) 和自动控制 (automatic control, AC) 交互作用的结果，即 IC=AI∩AC。后来，又加入了运筹学 (operational research, OR)，形成三元论的智能控制，即 IC=AI∩AC∩OR。智能控制的三元论表明，智能控制是应用人工智能的理论与技术和运筹学的优化方法，将其同控制理论方法与技术相结合，可在未知环境 (广义的被控对象或过程及其外界条件) 下仿效人或生物的智能，实现对系统的控制。

智能控制是控制理论发展的高级阶段。随着研究对象规模的进一步扩大，大系统智能控制、分级递阶智能控制和分布式问题求解等各种新方法、新思想不断涌现，而认知心理学、神经网络技术、进化论、遗传算法和混沌论等新学科异军突起，可从更高层次上研究智能控制，从而形成智能控制的多元论。换句话说，智能控制是多门学科领域相互交叉融合的结果。

一般地，智能控制具有如下一些共同显著的特点。

(1) 非线性特性。与传统的比例积分微分 (proportion integration derivation, PID) 控制器和现代控制理论中的线性状态反馈和输出反馈控制律不同，智能控制器往往呈现出典型的非线性控制器结构，处理的被控对象是非线性的。

(2) 智能控制具有变结构特点。传统的 PID 控制律、状态反馈和输出反馈控制律的控制器结构一般都是固定不变的，而智能控制器的结构是随时变化的。

(3) 智能控制器具有总体自寻优特性。智能控制器总能跳出局部优化范围，在全局范围内自动寻求到全局最优的结果。

(4) 智能控制器能满足多样性目标的高性能要求。传统的自动控制系统通过一定的优化设计往往能满足系统某些方面的性能要求，但难以满足设定值跟踪能力、扰动抑制能力、鲁棒性等多方面的性能要求。智能控制系统则可以通过优化设计同时满足系统多样性目标的高性能要求。

(5) 智能控制是一个新兴的跨学科研究领域，涉及人工智能、模糊控制、神经网络、专家系统、进化计算和优化算法等，是一个典型的交叉学科。

(6) 智能控制是一个应用广泛的高科技工具，可应用于工业过程控制、智能仪器仪表研发、机器人控制、智能家居系统、智能交通、智慧农业、智能建筑和智慧城市等诸多领域。

1985 年 8 月，电气和电子工程师协会 (Institute of Electrical and Electronics Engineers, IEEE) 在纽约召开第一届智能控制学术研讨会，主题是智能控制原理和智能控制系统。这一次会议决定在 IEEE 控制系统协会下设立一个 IEEE 智能控制专业委员会。这标志着智能控制这一新兴研究领域的正式诞生。1987 年 1 月，IEEE 控制系统协会与计算机协会主办的第一届智能控制国际会议在美国费城召开；1987 年以来，IEEE、国际自动控制联合会 (International Federation of Accountants, IFAC) 等国际学术组织定期或不定期举办各类有关智能控制的国际学术会议或研讨会。

近年来，IEEE 相继成立了 IEEE 计算智能协会、IEEE 智能交通系统协会，中国自动化学会相继成立了智能自动化专业委员会、综合智能交通专业委员会、智能制造系统专业委员会、混合智能专业委员会等，中国人工智能学会相继成立了智能空天系统专业委员会、智能机器人专业委员会等，中国指挥与控制学会相继成立了智能控制与系统专业委员会、智能指挥调度专业委员会、空天大数据与人工智能专业委员会等，中国仿真学会相继成立了智能仿真优化与调度专业委员会、智能物联系统建模与仿真专业委员会等，这些学术组织通过出版 *IEEE Transactions on Intelligent Transportation Systems*、*IEEE Transactions on Intelligent Vehicles*、*IEEE Transactions on Pattern Analysis and Machine Intelligence*、*IEEE Transactions on Emerging Topics in Computational Intelligence* 等重要期刊，主办 IEEE Conference on Decision and Control、中国自动化大会、中国控制会议、中国控制与决策会议、中国人工智能大会、中国智能自动化大会、中国智能系统会议等一系列有国际影响力的重要学术交流会议，极大地促进了国内外在智能控制相关领域科学研究、人才培养、工程应用等的蓬勃发展。因此，可以预见在不久的将来，智能控制理论作为一种跨学科的新工具一定可以在各行各业的理论研究、工程应用中大放异彩。

1.2　智能及智能控制的基本概念

在知识经济时代，数据、信息、知识和智能等概念经常出现，但它们的含义是什么呢？要了解"智能"的基本含义，必须从"数据"的基本概念出发，逐步深入到"信息"和"知识"，才能领会"智能"的真正含义，实现从"是什么"、"怎么样"到"为什么"、"怎么办"认识上的飞跃。

1. 数据

数据，即来自测量仪表的孤立的测量值。例如，火电厂过程控制中，为实现对发电机组锅炉、汽轮机和发电机等主要设备，以及送风机、引风机、空气预热器、省煤器和给水泵等辅助设备的实时在线远程自动监控，现场设备附近一般安装有各种各样的热工测量仪表，对温度、压力、流量、液位、物位、料位、pH、浓度、成分、位移、速度、加速度、转速、频率、电压、电流和功率等各种重要变量的主要参数进行实时在线测量,得到的量测信号对应的实际物理量的多少都是数据,也就是说数据解决了某些变量 "是什么" 的问题。根据数据与时间序列的对应关系,数据又可分为历史数据和实时数据,历史数据是由工业过程运行之前时刻对应的一段时间内的某些数据组成的,在监控画面上呈现出来的就是以过去的一段时间为横坐标、以变量的测量值的历史记录为纵坐标形成的变量历史趋势,一旦选定时间范围,历史数据所反映的历史趋势是静态的,而实时数据则是反映当前时刻变量的变化趋势,在监控画面上一般反映的是实时趋势,随着时间的推移它是不断变化的,所以它是动态的,随着时间不同而不断地实时发生变化。

2. 信息

工业过程中存在着海量的历史数据和不断更新的实时数据,单独讨论孤立的测量值往往不能发现有价值的线索。将数据在时间轴上进行横向的比较,或幅值上进行纵向的比较,就能形成信息。信息,可定义为相关数据之间的关系。例如,火电机组生产过程中,过程运行设定值与被控变量之间的偏差的正负及相对大小,就能体现反馈控制回路控制性能的优劣,以及控制器参数的整定是否合适或最优。机组正常运行时,锅炉炉膛压力一般维持在微负压,约为 −100Pa,锅炉炉膛的实际压力测量信号又分为模拟量和开关量 (即 0 和 1 等数字量),用压力测量仪表测量的锅炉炉膛负压的模拟量数值与规定的额定值 −100Pa 进行比较得出的炉膛负压偏高、偏低或适中等结论就是反映锅炉炉膛负压实际情况,进而反映锅炉是否运行正常的信息。压力开关测量仪表测量得到的炉膛压力低 (低一值)、低低 (低二值)、低低低 (低三值),或高 (高一值)、高高 (高二值)、高高高 (高三值) 等开关量信息也是从另一个定性的角度反映炉膛负压的实际情况的信息,即反映锅炉炉膛是否接近某些不正常的状态的临界信息。从海量的工业过程运行历史数据中,通过对相关数据进行分析和比较,采用某种时间序列分析方法或大数据处理方法,可以挖掘出蕴含在工业过程运行海量历史数据中的信息,得到 "怎么样" 的信息,从而为工业生产过程的控制、调度、运行和决策等提供研究基础和相关依据。

3. 知识

然而,仅通过海量数据挖掘出信息还远远不能解决实际工程应用中的实际问题,需要进一步深入挖掘隐含在信息后面的根本原因,发现 "为什么"。例如,根据测量仪表显示的数据结果判断得到 "炉膛压力偏高" 的信息,就要研究炉膛压力为什么偏高,背后的这个原因就是隐含在信息中的知识,也就是人们在长期生产生活实践中总结或发现的经验或规律。知识,可以定义为结构化信息之间的关联。例如,炉膛压力偏高的原因有很多,加大给煤量或提高燃料发热值导致炉膛燃烧更旺盛,使得炉膛压力偏高;减少给水量,导致炉膛压力偏高;机组运行人员操作调整不当，导致炉膛压力偏高。通过分析这些不同的原因，就可形成炉膛压力偏高的原因这一知识，找到背后的原因，就能进一步提出解决问题的方法途径或有效措施。

4. 智能

挖掘知识后要解决的问题就是如何利用有用的知识来解决工程中的实际问题，解决"怎么办"的问题，这就是"智能"，可以定义为利用知识解决实际问题的能力。目前为止，有且只有人类唯一具有利用知识解决实际问题的能力，也就是说只有人类才具有智能。发现炉膛压力偏高的原因这一知识后，人们就可以发挥自己的聪明才智和主观能动性，通过减少给煤量或降低燃料发热值，增大给水量，或对机组锅炉运行进行更优的精细调整，以降低炉膛压力，从而恢复炉膛压力使其稳定在期望的设定值附近。

以房间温度为例，通过温度测量仪表测量出的房间温度实际值 32℃是一个孤立的测量值，所以它是一个数据。一般地，人们往往感觉舒服的理想温度是 23℃，将仪表测量出的房间温度与期望的理想温度进行比较，得出房间温度偏高的结论，这就是信息。房间温度为什么偏高呢？房间温度偏高的原因可能有很多，如夏天环境温度偏高、室内通风量不足、室内有加热炉或很多发热设备等。导致房间温度偏高的原因就构成了结构化信息之间的关联，也就是知识。为解决房间温度偏高这个问题，利用这些已有知识，提出通过增大通风量等措施解决房间温度偏高的办法，就形成了智能。

房间温度这个实例充分阐述了数据、信息、知识和智能在不同层次上对事物的系统、全面、深入的描述，反映了人类对自然的认识和改造也是通过从现象出发不断观察、持续深入思考并长期实践的过程，体现出人作为具有智能的高等动物利用智能解决实际问题的基本思路。

从它们的表现形式上来看，工业过程控制中的数据可以是时间序列，也可能是一些重要变量一段时间的历史趋势曲线，信息是将现场测量数据经过一系列适当处理后得到的结果，知识则是横跨历史和各门学科的相关经验的总结，可以存储在一个计算机里，而智能则只存在于人类大脑中。它们的表现形式反映了不同的层次特点。

1.3　PID 控制策略

要全面深入理解智能控制策略及其工程实现方法，首先要全面深刻地理解并掌握传统控制策略，尤其是 PID 控制策略的精髓及其工程实现方法，否则研究和设计先进控制策略甚至智能控制策略将无从谈起。PID 控制器自诞生以来，因其物理意义明确、鲁棒性强、工程应用简便等突出优点，一直是工业过程控制中广泛应用的控制策略。在火电厂热工自动化领域中，绝大部分控制回路采用的控制策略就是 PID 控制器，但由于微分控制作用可能会放大噪声，实际工程应用中很多控制回路采用的是比例积分 (proportion integration, PI) 控制策略 [36-39]。

为理解一个最简单的单回路自动控制系统的基本组成，下面从室温的调节控制生活场景入手进行分析。

在房间温度控制这个实例中，房间是被控制的设备或过程，称为被控过程。而房间温度是被控过程的某一个需要观测并进行实时调节的变量，称为被控变量或过程变量 (process variable, PV)。实现房间温度的自动控制，就是要想办法通过自动调节空调的制冷或制热功率来改变房间的温度值，使其稳定在期望的数值上。一般地，人们期望房间温度稳定在比较理想的 23℃ 左右，这就是期望的被控变量房间温度的设定值 (set point, SP)，也称为参考输入。设计一个自动控制系统的目的是使被控变量房间温度在尽可能短的时间内迅速跟踪参考输入，对控制系统的性能要求就是稳、准、快。要达到这样的设计目标，就需要采用合适的测量变送仪表，对被控变量如房间温度等进行准确的测量，并采用适当的信号变送方式将测得的信号转换为 4~20mA 或 1~5V 的直流信号，反馈给 PID 控制器。PID 控制器采用一定的控制算法自动计算控制指令，这个算法也称为控制律、控制规律、控制策略。PID 控制器计算出来的控制指令发送给空调或调节阀等执行器以对空调的制冷功率或制热功率，或暖气的流量进行调节，从而改变房间温度。这样，采用测量变送仪表、控制器和执行器分别替代人眼、人脑和人手，可实现对房间温度的实时在线自动控制。

实际工业过程控制中，控制回路一般设置有手动和自动两种控制模式。在手动控制模式时，运行人员通过在监控画面上操作调节控制指令，通过键盘输入控制指令或通过单击操作变量"增"、"减"按钮直接向现场的调节阀、变速给水泵、风机动叶等发出控制指令，从而进一步改变被控过程的状态，达到控制被控变量的目的。实际工程应用中，还需要考虑 PID 控制器与手动控制之间的手自动无扰切换问题。这是因为，一方面，手动控制作为自动控制系统的后备手段在系统局部发生某些故障或异常运行时显得至关重要，对于确保系统安全稳定运行具有重要意义；另一方面，当系统从手动切换到自动时，为确保执行器接收的指令不在瞬间发生较大的变化，需要采取一定的措施。工程中的具体做法一般为：一旦系统从自动切换到手动，就让设定值强制跟踪过程变量，让 PID 控制器的输出跟踪运行人员通过监控画面向执行器发出的手动指令，或执行器的阀位反馈信号，也就是执行器的实际开度。此时，也就意味着系统在手动方式运行时，PID 控制器停止运算，其输入侧的设定值始终等于过程变量，这样一旦系统再从手动模式切回自动模式，就可以无扰平稳地切换到自动状态。

实际工程应用中，系统投运时首先默认以手动方式运行，由运行人员观测被控变量的变化趋势，根据设定值的实际需求通过在监控画面上手动调整控制器的控制指令直接改变执行器指令，进而迅速改变被控变量的数值，使其尽快逼近设定值。当被控变量稳定在设定值附近时，可由运行人员在监控画面上通过选择操作切换为自动运行方式。但由于各种原因，正在自动运行的系统有时会自动切换到手动方式，主要原因如下。

(1) 设定值与反馈值之间的偏差的绝对值过大。控制策略选择不当或控制器参数不合适导致 PID 反馈控制效果较差，此时系统将会自动切换到手动状态。

(2) 控制指令与阀位反馈之间的偏差的绝对值过大。由于执行机构卡涩、故障等原因，控制器向执行机构发出的控制指令和执行机构实际的阀位反馈信号之间的偏差的绝对值大于一定的阈值，此时系统将会自动切换至手动状态。

(3) 测量反馈信号故障。测量变送仪表信号故障导致被控变量的测量反馈信号发生故障，此时系统无法进行 PID 反馈控制，将会自动切换至手动状态。

(4) 阀位反馈信号故障。执行机构的阀位反馈信号发生故障时，系统无法进行 PID 反馈控制，也会自动切换至手动状态。

(5) 其他一些原因，如火电机组自动控制系统设计方案中，为确保锅炉运行的安全性，由于主燃料跳闸 (main fuel trip, MFT)，送风机、引风机和一次风机相关控制系统自动切换为手动方式。

在一个典型自动控制系统中，智能控制器的作用就是要取代传统 PID 控制器，根据设定值与过程变量的反馈信号按照智能控制算法自动计算出相应的控制指令，以获得比传统 PID 控制器更加满意的控制性能。

1.4　传统控制面临的挑战

传统的经典控制理论包括 PID 控制理论、伯德 (Bode) 图和奈奎斯特 (Nyquist) 曲线等频域分析方法、劳斯 (Routh) 稳定性判据等，采用的是微分方程和传递函数等工具，具有较完善的分析和综合理论体系，提供了一套较完善的自动控制系统分析和设计工具及方法。为了满足空间探索控制技术的发展需求，以状态空间表达式为核心的现代控制理论应运而生，包括状态反馈控制和输出反馈控制、李雅普诺夫 (Lyapunov) 稳定性定理、状态观测器、极点配置等方法，已经在火箭发射、飞船控制、运动控制等领域得到了极其广泛的应用。

但是，随着经济和社会的不断发展，自动控制系统对性能和指标的要求日益苛刻，传统的经典控制理论和现代控制理论往往无法满足控制系统分析和设计的需求，主要原因如下。

(1) 实际工业系统由于存在一定的复杂性、非线性、时变性、不确定性和不完整性等，往往无法获取被控对象精确的数学模型。

(2) 传统的经典控制理论在进行系统分析和设计之前做了一些比较苛刻的线性化假设，例如，传递函数被定义为线性定常系统在零初始条件下系统输出与输入的拉普拉斯变换之比，如果是非线性系统，就无法采用传递函数的概念。严格地说，由于实际的工业系统被控对象大多数是非线性的，所以需要先对实际工业系统被控对象在某些工作点附近设置一些线性化假设条件，然后进行一定的线性化处理，才能开展分析和综合。但是，这些线性化假设条件往往和实际情况有一定的差异，不一定符合实际情况。

(3) 传统的经典控制理论和方法在解决大范围变工况、异常工况等问题时往往无法满足要求。例如，大型火电机组为适应电网调度的需要，其负荷需要经常变动，在一个较大的范围随时发生变化，机炉协调控制系统中的燃料、送风、汽温和给水等子系统的动态特性也随之发生变化，采用固定结构和参数的 PID 控制方法或状态空间方法往往无法获得满意的控制效果。

(4) 由于被控对象所处的环境和被控对象的未知与不确定性，可能无法建立被控对象的模型，这超出了传统的经典控制理论所能解决的问题范畴。

1.5 智能控制与传统控制的联系和区别

一般地，经典控制理论主要用于分析线性定常单输入–单输出系统，其分析工具主要是微分方程或传递函数。而现代控制理论除了可分析线性定常单输入–单输出系统之外，还可用于分析非线性时变多输入–多输出系统，其分析工具是状态方程和输出方程。智能控制理论是模仿人类智能所形成的一类控制策略，可用来处理各种复杂系统，求解过程主要依靠搜索、自学习、模拟进化等手段。

各种典型控制策略的渗透与融合示意图如图 1.1 所示。图中，基于自动控制理论发展起来的控制理论包括经典控制理论和现代控制理论，经典控制理论中的控制策略主要包括传统的 PID 控制策略、针对大迟延惯性环节的 Smith 预估补偿控制器和针对多变量耦合系统的解耦控制策略。现代控制理论包括自适应控制、变结构控制、鲁棒控制和预测控制等先进控制策略。融合传统的自动控制理论，以及运筹学、信息论、计算机、生物学和人工智能等多门学科形成的智能控制理论则涵盖模糊控制、专家系统、神经网络和遗传算法 (genetic algorithm, GA) 等基本的学科领域。传统的控制理论与智能控制理论之间相互渗透，形成了模糊 PID、专家 PID、模糊专家 PID、神经网络 PID、模糊预测控制、遗传算法模糊控制和遗传算法预测控制等各种复合的控制策略。

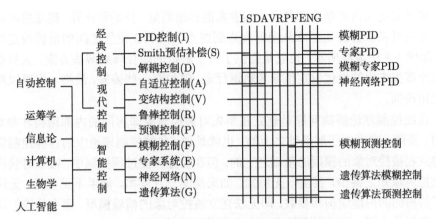

图 1.1　各种典型控制策略的渗透与融合示意图

那么，智能控制与传统控制之间有什么区别呢？一个典型路径轨迹规划问题示意图如图 1.2 所示，要解决的问题是房间内的人如何从某处角落走到终点大门处。

图 1.2　典型路径轨迹规划问题示意图

要解决这个问题，很容易想到必须事先了解房间的内部结构，通过数学、物理等机理建模方法建立房间的数学模型，这样才能得到该问题的一个解析解。

利用传统控制理论解决这样一个路径规划问题，自然会以人所在的地点为坐标原点，分别作一条水平线和垂直线作为横轴和纵轴，建立一个如图 1.3 所示的直角坐标系。

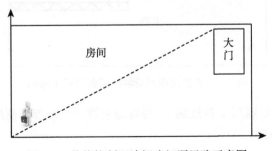

图 1.3　传统控制理论解决问题思路示意图

通过对房间内部结构和各个方向参数的详细测量、分析和计算，建立房间的模型，进而可以很容易地建立从坐标起点到终点大门所在位置之间的最优设定值轨迹，如图 1.3 中虚线所示，也就是提供了一个解析的路径规划解决方案，人只要沿着这个事先求出的最优设定值参考轨道行走，哪怕有一些偏差，最终一定可以顺利地走出房间。

传统控制理论解决问题是建立在事先对被控对象即房间的内部结构和参数有全面、清晰、准确的了解基础之上的，也就是说，传统控制理论中的各种控制算法是建立在被控对象的模型的基础之上的。但在实际工业过程控制中，很多时候往往对被控对象知之甚少，甚至一无所知。如果房间一片漆黑，伸手不见五指，无法事先了解房间的内部结构和参数，即无法建立被控对象的精确模型，那么传统控制理论就无能为力了，这时需要提出一套全新的智能控制解决方案。

如何在对环境未知、房间对象模型无法建立的情况下，从起点走到大门处呢？人是如何解决这个问题的呢？人一般会按照自己的规则自行搜索，看能否试探走出一条到达终点的路线。此时，人们很容易想到两条规则。

规则 1　顺着墙一直向前直行。

规则 2　如果碰到墙，那么就向左拐。

如果房间就是一个规则的四边形，且中间没有任何障碍物，人很容易根据规则 1 和规则 2 只需左拐两次就可以走到大门处。这样，即使没有建立被控对象的精确数学模型，仅靠基于两条规则的搜索就解决了一个传统控制理论束手无策的困境，即采用基于搜索的智能控制方法。

但实际问题往往没有图 1.2 所示那么简单。如图 1.4 所示，如果房间中间右侧处有一个障碍物，挡住了出门的去路，则仅靠这两条规则就无法解决问题。对于更加复杂的问题，可能需要设计更加复杂的规则去搜索，即采用智能控制方法进行处理。

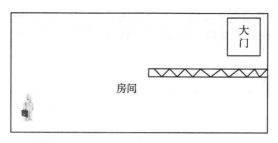

图 1.4　智能控制理论解决问题思路示意图

图 1.4 中，按照规则 1 和规则 2，很容易陷进一个局部转圈的死循环，这时就需要增加第三条规则。

规则 3　如果回到原点，那么将碰到墙向左拐改为碰到墙向右拐。

有了这三条规则，发现回到原点后，按照规则 3 就可以改为向右拐，往前直行碰到墙再向右拐，这样很容易走到大门终点。

对于复杂的问题，即使不知道对象的数学模型，也可以按照一定的规则通过搜索找出问题的可行解甚至是最优解。这表明，与传统控制算法不同，智能控制算法是不依赖于被控对象精确的数学模型的，不需要事先掌握被控对象的模型信息。

智能控制理论与经典控制理论、现代控制理论在应用对象、数学方法、对被控对象数学模型的要求和控制算法四个方面有显著区别，如表 1.1 所示。

表 1.1　智能控制理论与经典控制理论、现代控制理论之间的区别

类别	经典控制理论	现代控制理论	智能控制理论
应用对象	单输入–单输出系统 (SISO)	单输入–单输出系统 (SISO) 多输入–多输出系统 (MIMO)	各种复杂系统
数学方法	微分方程或传递函数	状态方程和输出方程	搜索、自学习和模拟进化等
对被控对象数学模型的要求	需要了解被控对象的数学模型	需要了解被控对象的数学模型	不需要了解被控对象的数学模型
控制算法	精确	精确	具有随机性和模糊性

1.6　本书主要内容

本书从专家系统、模糊控制、神经网络和进化计算四个方面，阐述智能控制理论及其在电力系统中的应用。本书的结构安排如下。

第 1 章首先介绍智能控制的发展历史，然后给出智能及智能控制的基本概念，分析传统的 PID 控制策略及其工程实现中的一些相关问题，针对传统控制方法解决复杂工程控制问题所面临的挑战，指出智能控制与传统控制理论的联系与区别。

第 2 章首先针对专家系统中的核心问题搜索算法进行分析，然后介绍基于 MATLAB 的 A* 算法程序设计与仿真实例，最后分析专家系统的基本构成，给出专家 PID 控制的 MATLAB 仿真实例。

第 3 章首先简要介绍模糊控制的数学基础和基本内容，然后采用模糊控制工具箱和 Simulink 阐述模糊控制算法的仿真实现方法，最后分析模糊 PID 控制策略在网络化串级控制系统试验平台中的设计及实现实例。

第 4 章首先阐述感知器的基本内容及其应用，然后介绍反向传播 (back propagation，BP) 算法，最后结合 MATLAB 介绍神经网络的应用仿真实例。

第 5 章首先分析遗传法及其程序设计实现方法，然后给出基于改进遗传算法的置换流水车间调度问题仿真实例，最后分析遗传编程并给出其应用实例。

第 6 章基于自主设计研制的一套基于可编程逻辑控制器 (programmable logic controller，PLC) 的智能控制算法试验平台，探索混沌模拟退火动态烟花优化算法

在离散时间微分平坦自抗扰控制律参数优化中的应用，通过计算机仿真结果和实际试验结果验证优化算法的有效性和优越性。

第 7 章给出递减步长果蝇优化算法，并将其应用于风电机组齿轮箱的故障诊断问题，采用实际风电场采集的真实数据进行建模分析，验证模型用于多种故障类型诊断的有效性。

第 8 章介绍云粒子群布谷鸟融合算法，并将其应用于联合循环发电机组典型热工过程的模型参数辨识问题，通过基于实际运行历史数据的分析，验证该方法的有效性。

参 考 文 献

[1] Wiener N. Cybernetics: Or Control and Communication in the Animal and the Machine[M]. Massachusetts: MIT Press, 1948.

[2] 柴天佑，丁进良. 流程工业智能优化制造[J]. 中国工程科学, 2018, 20(4): 51-58.

[3] Thomas R. 机器崛起：遗失的控制论历史[M]. 王晓, 郑心湖, 王飞跃, 译. 北京：机械工业出版社, 2017.

[4] 张礼立. 智能制造创新与转型之路[M]. 北京：机械工业出版社, 2017.

[5] 赵宝明. 智能控制系统工程的实践与创新[M]. 北京：科学技术文献出版社, 2014.

[6] 涂序彦, 王枞, 刘建毅. 智能控制论[M]. 北京：科学出版社, 2010.

[7] 桂卫华, 阳春华. 复杂有色冶金生产过程智能建模、控制与优化[M]. 北京：科学出版社, 2010.

[8] 吴宏鑫, 胡军, 解永春. 基于特征模型的智能自适应控制[M]. 北京：中国科学技术出版社, 2009.

[9] 林小峰, 宋绍剑, 宋春宁. 基于自适应动态规划的智能优化控制[M]. 北京：科学出版社, 2013.

[10] 何海波. 自适应系统与机器智能[M]. 薛建儒, 王晓峰, 译. 北京：机械工业出版社, 2016.

[11] 刘保相, 阎红灿, 张春英. 关联规则与智能控制[M]. 北京：清华大学出版社, 2015.

[12] 刘丽. 柔性智能控制[M]. 西安：西安交通大学出版社, 2016.

[13] 李少远, 王景成. 智能控制[M]. 2 版. 北京：机械工业出版社, 2009.

[14] 刘金锟. 智能控制[M]. 4 版. 北京：电子工业出版社, 2017.

[15] 李士勇, 李研. 智能控制[M]. 北京：清华大学出版社, 2016.

[16] 蔡自兴, 余伶俐, 肖晓明. 智能控制原理与应用[M]. 2 版. 北京：清华大学出版社, 2014.

[17] 张建民, 王涛, 王忠礼. 智能控制原理及应用[M]. 北京：冶金工业出版社, 2003.

[18] 李士勇, 李巍. 智能控制[M]. 哈尔滨：哈尔滨工业大学出版社, 2011.

[19] 郭晨. 智能控制原理及应用[M]. 大连：大连海事大学出版社, 1998.

[20] 蔡自兴. 智能控制导论[M]. 北京：中国水利水电出版社, 2007.

[21] 蔡自兴. 智能控制原理与应用[M]. 北京：清华大学出版社, 2007.

[22] 韦巍, 何衍. 智能控制基础[M]. 北京: 清华大学出版社, 2008.

[23] 韩璞. 智能控制理论及应用[M]. 北京: 中国电力出版社, 2013.

[24] 王耀南, 孙炜, 等. 智能控制理论及应用[M]. 北京: 机械工业出版社, 2008.

[25] 孙增圻, 邓志东, 张再兴. 智能控制理论与技术[M]. 2 版. 北京: 清华大学出版社, 2011.

[26] 易继锴, 侯媛彬. 智能控制技术[M]. 修订版. 北京: 北京工业大学出版社, 2007.

[27] 韦巍. 智能控制技术[M]. 2 版. 北京: 机械工业出版社, 2015.

[28] 郭广颂. 智能控制技术[M]. 北京: 北京航空航天大学出版社, 2014.

[29] 丛爽. 智能控制系统及其应用[M]. 合肥: 中国科学技术大学出版社, 2013.

[30] 梁景凯, 曲延滨. 智能控制技术[M]. 哈尔滨: 哈尔滨工业大学出版社, 2016.

[31] 杨婕, 王鲁. 现代与智能控制技术[M]. 天津: 天津大学出版社, 2013.

[32] 刘金琨. 先进 PID 控制及其 MATLAB 仿真[M]. 4 版. 北京: 电子工业出版社, 2016.

[33] 刘杰, 李允公, 刘宇, 等. 智能控制与 MATLAB 实用技术[M]. 北京: 科学出版社, 2017.

[34] 李国勇. 智能控制及其 MATLAB 实现[M]. 北京: 电子工业出版社, 2005.

[35] 徐本连. 智能控制及其 LabVIEW 应用[M]. 西安: 西安电子科技大学出版社, 2018.

[36] Srinivasan R, Giannikas V, McFarlane D, et al. Customising with 3D printing: The role of intelligent control[J]. Computers in Industry, 2018, 103:38-46.

[37] Munzke N, Schwarz B, Hiller M. Intelligent control of household Li-ion battery storage systems[J]. Energy Procedia, 2018, 155:17-31.

[38] Sun X Q, Cai Y F, Wang S H, et al. Optimal control of intelligent vehicle longitudinal dynamics via hybrid model predictive control[J]. Robotics and Autonomous Systems, 2019, 112:190-200.

[39] Jin J C, Ma X L, Kosonen I. An intelligent control system for traffic lights with simulation-based evaluation[J]. Control Engineering Practice, 2017, 58: 24-33.

[40] Chuang S J, Hong C M, Chen C H. Design of intelligent control for stabilization of microgrid system[J]. International Journal of Electrical Power & Energy Systems, 2016, 82:569-578.

[41] Mahmoud M S, Alyazidi N M, Abouheaf M I. Adaptive intelligent techniques for microgrid control systems: A survey[J]. International Journal of Electrical Power & Energy Systems, 2017, 90:292-305.

[42] Vassilyev S N, Novikov D A, Bakhtadze N N. Intelligent control of industrial processes[J]. IFAC Proceedings Volumes, 2013, 46(9):49-57.

[43] Avoy T M. Intelligent "control" applications in the process industries[J]. Annual Reviews in Control, 2002, 26(1):75-86.

[44] Zhao D Y, Chai T Y, Wang H, et al. Hybrid intelligent control for regrinding process in hematite beneficiation[J]. Control Engineering Practice, 2014, 22:217-230.

[45] Mai A, Commuri S. Intelligent control of a prosthetic ankle joint using gait recognition[J]. Control Engineering Practice, 2016, 49:1-13.

[46] Nizami T K, Mahanta C. An intelligent adaptive control of DC-DC buck converters[J]. Journal of the Franklin Institute, 2016, 353(12):2588-2613.

[47] Tavakolpour-Saleh A R, Jokar H. Neural network-based control of an intelligent solar stirling pump[J]. Energy, 2016, 94:508-523.

[48] Hong C M, Chen C H. Intelligent control of a grid-connected wind-photovoltaic hybrid power systems[J]. International Journal of Electrical Power & Energy Systems, 2014, 55:554-561.

[49] Yu W, Martínez-Guerra R. Recent advances and applications in neural networks and intelligent control[J]. Neurocomputing, 2017, 233:1-2.

第 2 章　专 家 系 统

本章首先简要介绍专家系统的发展历史，然后从专家系统的核心问题入手介绍基于问题的搜索求解算法及其 MATLAB 仿真设计方法，最后介绍基于 MATLAB 的专家 PID 控制器仿真设计方法。

2.1　专家系统的发展历史

人类是地球上唯一具有智能的高等生物，而人工智能的核心目标就是要探索如何采用机器的技术和方法，模仿、延伸甚至扩展人类的智能，从而通过机器方式实现人类的智能 [1-3]。实现人类智能的方式一般有符号智能和计算智能。符号智能是传统意义上的人工智能，它基于知识采用推理的方法进行问题求解，核心问题是如何采用合适的推理算法从已知条件到达目标的搜索问题，典型例子就是专家系统 [4-7]。而计算智能是基于数据，采用大量样本进行训练建立已知信息和目标信息之间的联系，进而解决问题，典型例子包括人工神经网络、遗传算法、模糊控制和人工生命等 [8-11]。

专家系统是一类具有专门知识和经验的智能计算机程序系统，通过对人类专家的问题求解能力的建模，采用人工智能中的知识表示和知识推理技术来解决一般需要行业领域内的顶尖专家才能解决的复杂疑难问题，达到具有与专家同等的解决问题能力的水平 [12-17]。

据报道，DENDRAL 是世界上第一个成功的专家系统，其主要功能是在较短的时间内通过分析质谱和核磁共振等推断出未知化合物的可能分子结构，类似人类化学家能人工列出化合物所有可能的分子结构，它达到了专家的水平 [12]。它的诞生意味着人工智能的一个全新领域——专家系统的横空出世。此后，各种不同功能的专家系统如雨后春笋相继出现。MYCSYMA 系统主要用于数学运算，能够求解微积分运算、微分方程等各种数学问题 [13]；MYCIN 专家系统主要用于帮助医生对住院的血液感染患者进行诊断和选用抗菌素类药物进行治疗，它是一种使用了人工智能的早期模拟决策系统，用来进行严重感染时的感染菌诊断以及抗生素给药推荐 [14]。其他典型的专家系统还包括 DNA 鉴定分析专家系统 FaSTR[18]、成本管理专家系统 COMEX[19]、水压稳定控制专家系统 WPSC[20]、旅游专家系统 ESTJ[21]、基于气相色谱–质谱的代谢物鉴定专家系统 MetExpert[22]、制药专家系统 SeDeM[23] 等。关于专家系统的详细理论介绍可参见文献 [24]~文献 [29]，开发工具的介绍详见文献 [30]～文献 [33]。

早期的专家系统受限于专家经验有限、专家资源稀缺、计算机资源和计算能力有限等制约因素，发展较为缓慢，功能较为单一。近年来，随着计算机存储容量和计算能力的飞跃提升，以及大数据和数据挖掘等相关技术的迅猛发展，越来越多不同种类、不同功能的专家系统相继出现，并广泛应用于故障诊断 [34-37]、教学 [38,39]、培训 [40]、工业 [41-46]、农业 [47-49]、经济 [50-52]、安全评估 [53-56]、医疗 [57-61] 和法律 [62] 等不同领域。近年来开发的典型专家系统包括服务机器人专家系统 [63]、室外照明控制专家系统 [64]、水下滑翔机路径规划专家系统 [65] 和地震预报专家系统 [66] 等。

2.2　基于搜索的问题求解

对于一个类似图 2.1 的八数码魔方，如何从左边的初始状态通过各方块的一步步操作到达右边的目标状态？

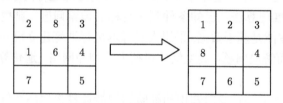

图 2.1　八数码魔方示意图

图 2.1 中，每次只能移动一个数字，显而易见，每位读者都能很容易看出答案，但如何告诉计算机让它也能在最短的时间内找出最准确的答案来解决这个问题呢？对于比较简单的八数码魔方，如果能找到一个通用的搜索算法，自动推理出最佳的解决方案，那么就很容易扩展应用到更加复杂的数码魔方问题，乃至更加复杂的实际工业控制问题。因此，提出这样一种通用的搜索算法显得至关重要。

本节将从最简单的随机搜索算法开始，逐步深入介绍横向搜索算法、纵向搜索算法，以及启发式搜索算法，包括 A* 算法、最佳优先搜索算法等。

2.2.1　搜索的基本概念

专家系统的核心问题就是如何根据专家总结出的推理规则，基于已知条件，从初始状态经过一系列的操作到达目标状态，寻求从初始状态到达目标状态的可行解，也就是一系列操作符相互连接的操作过程，此即状态空间表示法，如图 2.2 所示。

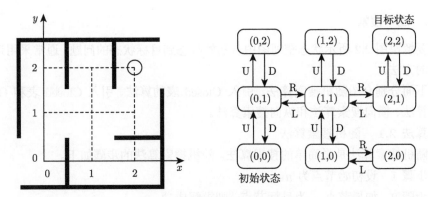

图 2.2 状态空间表示法示意图

在有障碍物的情况下，如何从初始状态 (0,0) 到达圆圈所示的目标状态 (2,2)，一个直观的做法就是将初始状态作为坐标原点，水平方向和垂直方向分别作为横轴和纵轴，画出直角坐标系，人很容易沿着箭头所指的方向一步步从初始状态到达目标状态。那么如何用一种算法自动实现这个过程并解决这个问题呢？

在图 2.2 所示的迷宫中，可以定义 9 个不同的状态和 4 个不同的操作符：U 向上，D 向下，L 向左，R 向右。问题求解过程就是从初始状态经过一系列操作符的运算达到目标状态。

图 2.2 所示的状态空间图是由节点的集合和分支的集合构成的。节点数目有限的图称为有限节点图。具有方向的分支称为有向分支，不具有方向的分支称为无向分支。当存在由节点 n_i 指向 n_j 的分支时，称 n_i 为 n_j 的双亲节点，n_j 为 n_i 的子节点。求解节点 n_i 的所有子状态，称为将节点 n_i 扩展。当节点的系列为 $n_1, n_2,$ $\cdots, n_i, \cdots, n_m (1 \leqslant i \leqslant m)$ 且存在由各节点 n_i 指向 n_{i+1} 的分支时，称为从 n_1 到 n_m 的路径。路径中包含两个以上的分支，且两端的节点是相同的，称为闭路。对于所有不同的两个节点，不考虑分支的方向，把它们连接起来的路径构成的图称为连接图；不构成闭路的连接图称为树。闭路和树的示意图如图 2.3 所示。

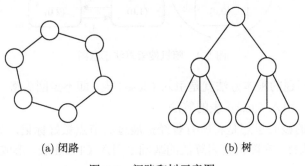

(a) 闭路   (b) 树

图 2.3 闭路和树示意图

2.2.2 逐个搜索

要解决图 2.2 所示状态空间图中从初始状态到目标状态的问题，通常采用逐个搜索的方法。

下面分别介绍随机搜索算法、引入 Closed 表的算法、引入 Closed 表和 Open 表的算法、横向搜索算法和纵向搜索算法。

算法 2.1 随机搜索算法

随机搜索算法是最简单的搜索算法。随机搜索算法的步骤如下。

步骤 1 设初始节点为 n。

步骤 2 如果节点 n 为目标节点，则求解成功。

步骤 3 扩展节点 n，得到子节点的集合。

步骤 4 从子节点中任意选择一个节点，设为 n^*。

步骤 5 如果 n^* 为目标节点，则求解成功；否则设 n^* 为新的 n，返回步骤 3。

随机搜索算法的特点是不断扩展当前节点的子节点，从中随机选择任意一个子节点进行扩展。

那么，该算法一定能够找到目标节点吗？答案是不一定。随机搜索算法的缺陷是盲目扩展，可能陷入局部死循环。如果初始状态下一个选择 $(0,1)$，$(0,1)$ 的下一个子节点选择 $(0,0)$，那么就可能一直陷入如图 2.4 中圆圈所示的死循环。

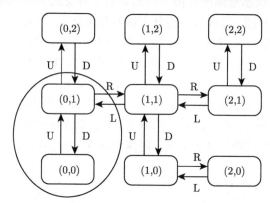

图 2.4 随机搜索算法示意图

解决这个问题的根本办法就是引入 Closed 表，即不走回头路。

算法 2.2 引入 Closed 表的算法

Closed 表的核心思想是将所有曾经扩展过的节点做好标记，不再重复进行搜索，即不走回头路。在随机搜索算法的基础上引入 Closed 表，形成算法 2.2，其具体步骤如下。

步骤 1 设初始节点为 n。

步骤 2　如果节点 n 为目标节点，则求解成功。

步骤 3　扩展节点 n，得到子节点的集合，并将 n 加入 Closed 表中。

步骤 4　从子节点中选择一个未包含在 Closed 表中的节点，设为 n^*。如果不存在这样的节点，则求解失败。

步骤 5　如果 n^* 为目标节点，则求解成功；否则设 n^* 为新的 n，返回步骤 3。

问题 1　如果搜索图是有限的，那么算法 2.2 一定会停止吗？

答案是一定的，因为搜索图有限也就意味着所有的节点数目是有限的，只要不走回头路，所有的节点都可以遍历一次，所以算法 2.2 肯定会停止。

问题 2　算法 2.2 一定会找到目标节点吗？

答案是不一定。如图 2.5 所示，搜索到节点 (0,1) 之后，如果下一个节点选择 (0,2)，则下一步就无路可走，无法开展进一步的搜索，如图 2.5 所示。

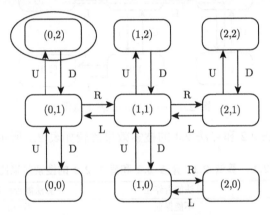

图 2.5　引入 Closed 表示意图

解决这个问题的办法就是引入 Open 表，所有还没扩展的节点都要标记并进行搜索，即未搜索过的节点都需要进行搜索。(0,1) 节点处有两个子节点 (0,2) 和 (1,1)，其中，子节点 (0,2) 不是目标节点，子节点 (1,1) 还没有扩展，可以通过引入 Open 表的形式做好标记。

算法 2.3　引入 Closed 表和 Open 表的算法

Open 表的核心思想是将所有还没扩展的节点做好标记并进行搜索，也就是可以走但还未走的路都要走一遍。算法 2.3 是在算法 2.2 的基础上再引入 Open 表，其基本步骤如下。

步骤 1　将初始节点存放到 Open 表中。

步骤 2　从 Open 表中取出节点，并设其为 n。如果节点 n 为目标节点，则求解成功。如果 Open 表为空，则求解失败。

步骤 3　扩展节点 n，得到子节点的集合，并将 n 加入 Closed 表。

步骤 4 对于子节点集合中未包含在 Closed 表中的节点，将其加入 Open 表中，并配置指向节点 n 的指针。

步骤 5 返回步骤 2。

问题 3 如果搜索图是有解的，那么算法 2.3 一定会找到目标节点吗？

答案是一定的，只要按照图 2.6 中虚线所示的方向逐个搜索，就能找到目标节点。

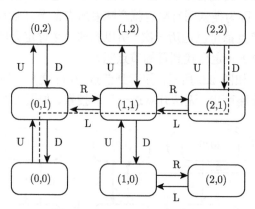

图 2.6 引入 Open 表示意图

算法 2.1、算法 2.2 和算法 2.3 的搜索效果比较如表 2.1 所示。

表 2.1 算法 2.1、算法 2.2 和算法 2.3 的搜索效果比较

算法	算法能否停止	算法能否找到解
算法 2.1	不能保证	不一定
算法 2.2	可保证	不一定
算法 2.3	可保证	一定

在算法 2.1 的基础上，同时引入 Closed 表和 Open 表，按照不同的搜索顺序就形成纵向搜索算法和横向搜索算法。

算法 2.4 纵向搜索算法

纵向搜索算法也称为深度优先搜索算法，其示意图如图 2.7 所示。

图 2.7 中，O 表示 Open 表，C 表示 Closed 表，按纵向搜索算法依次搜索 7 步就能搜索到目标节点 (2,2)，再按照加粗箭头所示回溯，就能得到纵向搜索的解，即按照 $(0,0) \longrightarrow (0,1) \longrightarrow (1,1) \longrightarrow (2,1) \longrightarrow (2,2)$，实现从初始节点 (0,0) 到目标节点 (2,2) 的求解。图中的粗线表示回溯的搜索路径，下同。

算法 2.5 横向搜索算法

横向搜索算法也称为宽度优先搜索算法，其示意图如图 2.8 所示。

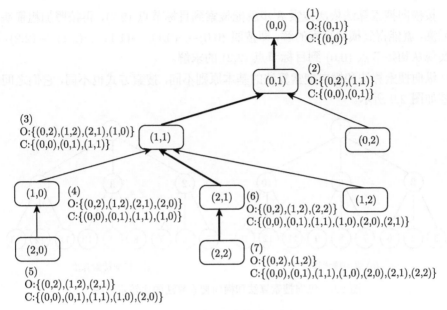

图 2.7　纵向搜索算法示意图

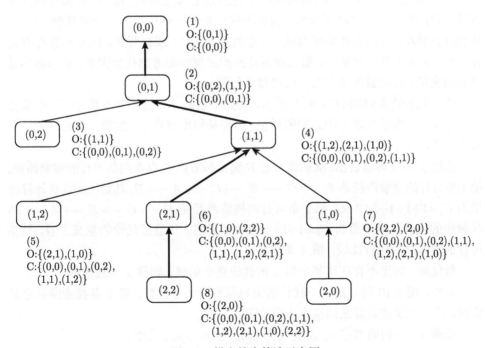

图 2.8　横向搜索算法示意图

按横向搜索算法依次搜索 8 步就能搜索到目标节点 (2,2)，再按照加粗箭头所示回溯，就能得到横向搜索的解，即按照 $(0,0) \longrightarrow (0,1) \longrightarrow (1,1) \longrightarrow (2,1) \longrightarrow (2,2)$，可以实现从初始节点 (0,0) 到目标节点 (2,2) 的求解。

纵向搜索算法和横向搜索算法的基本原则不同，搜索方式也不同，它们之间的比较如图 2.9 所示。

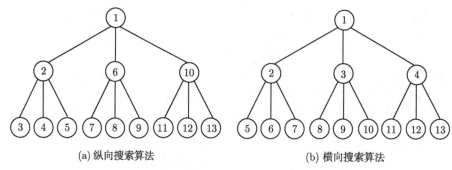

(a) 纵向搜索算法   (b) 横向搜索算法

图 2.9   纵向搜索算法和横向搜索算法的比较示意图

算法 2.6   均一代价搜索算法

在按照某种规则进行搜索的过程中，往往需要考虑时间、成本、距离和利润等各种代价因素，存在多种可行解，根据不同代价的比较可选择一个最优解。例如，从北京去武汉，可以选择乘坐高铁、长途汽车、飞机，或自驾车，这几种选择方式在时间、成本上各有优缺点，那么搜索选择的过程中要考虑代价因素，从而做出最有利的决策，这就需要考虑均一代价搜索问题。

均一代价搜索问题如图 2.10 所示，初始节点是 F，目标节点是 B，两个节点之间连线上的数字代表它们之间的代价，需要从初始节点 F，按照一定的规则进行搜索，找到目标节点 B。

由图 2.10 很容易看出，从初始节点 F 到目标节点 B 存在两条可行的搜索路径。第 1 条可行的搜索路径是 $F \longrightarrow G \longrightarrow E \longrightarrow C \longrightarrow A \longrightarrow B$，其对应的代价计算结果为 $C_1=1+1+1+1+2=6$；第 2 条可行的搜索路径是 $F \longrightarrow G \longrightarrow E \longrightarrow A \longrightarrow B$，其对应的代价计算结果为 $C_2=1+1+4+2=8$。显然，从最低代价的意义上看，两条可行的搜索路径进行比较，第 1 条更好。

最优解：如果不存在比某个解 s 的代价更小的解，则称 s 为最优解。

显然，图 2.10 所示的均一代价搜索问题有两个可行解，第 1 条搜索路径是最优解。均一代价搜索算法的基本步骤如下。

步骤 1   将初始节点 n_i 及其代价 $g(n_i)$ 放入 Open 表中。

步骤 2   把 Open 表中最前面的节点取出来，并设其为 n。如果节点 n 为目标节点，则求解成功。如果 Open 表为空，则求解失败。

步骤 3 扩展节点 n，得到子节点的集合，并将 n 加入 Closed 表。

步骤 4 对于子节点集合中未包含在 Closed 表中的节点 n^*，配置指向节点 n 的指针。计算 $g(n^*) = g(n) + c(n,n^*)$，并将其放入 Open 表。但如果 n^* 已经放入 Open 表，那么当新的 $g(n^*)$ 比原有值小时，应予以更新，同时更换指针。

步骤 5 返回步骤 2。

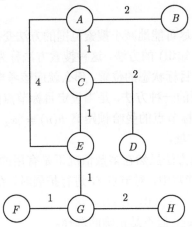

图 2.10 均一代价搜索问题示意图

均一代价搜索算法的示意图如图 2.11 所示。

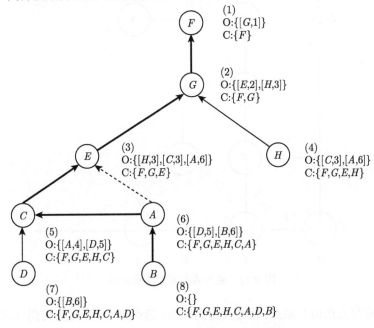

图 2.11 均一代价搜索算法示意图

2.2.3 基于人工智能的搜索

在八数码魔方中存在 9!=362880 种不同的状态,在十五数码魔方中存在 16! = 20922789888000 种不同的状态,显然存在搜索空间巨大、难以求解的困难,解决思路在于采用启发式搜索算法。

1. 启发式搜索算法

为了提高搜索效率,尽可能地减小搜索范围的方法变得越来越重要,为此出现了应用启发式 (应用已有知识) 的方法,这种搜索方法称为启发式搜索算法。例如,在迷宫问题中,如果知道目标状态的位置,那么就应该考虑采取尽可能靠近该位置的搜索策略。针对该问题的一种方法,是当设定目标节点的坐标为 (x_g, y_g) 时,利用从节点 $n=(x, y)$ 到目标节点的曼哈顿距离 $h(n) = |x_g-x| + |y_g-y|$,对能使这个距离值变小的节点进行扩展。

然而,这种启发式的方法虽然在多数情况下是有用的,但是未必都是正确的。例如,在图 2.12 所示的迷宫中,对节点 G 进行扩展时,存在两个可以进行扩展的候选节点,即 $E=(1,1)$ 和 $H=(3,0)$。$h(E) = |3-1| + |3-1|=4$;$h(H) = |3-3| + |3-0|=3$,虽然 H 节点离目标节点近,但不是正确的选择。

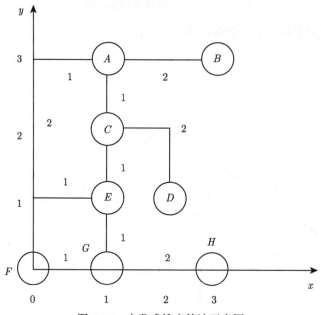

图 2.12 启发式搜索算法示意图

有一位盲人在山上某点,他想要走到山顶,怎么办?从立足处用拐杖向前一试,觉得高些,就向前一步,如果前面不高,向左一试,高就向左一步,不高再试后面,高就退一步，不高再试右面，高就向右走一步，四面都不高，就原地不动。总之，高了就走一步，这样一步一步地走，就走到了山顶。

这个向各方向的测试 "步"，就是 "登山法" 的估价函数 $h(n)$。

算法 2.7 登山法

登山法的基本步骤如下。

步骤 1 设初始节点为 n。

步骤 2 如果节点 n 为目标节点，则求解成功。

步骤 3 扩展节点 n 得到子节点的集合。

步骤 4 从子节点的集合中，选取 $h(n^*)$ 为最小的节点 n^*。如果 $h(n) < h(n^*)$，则求解失败。

步骤 5 设 n^* 为新的 n，返回步骤 2。

在这个算法中，如果把 $h(n)$ 看作到达山顶 (目标节点) 的距离，则由于 $h(n)$ 的值是向着减小的方向进行搜索，所以看起来恰似登山时的情况。然而，当这样的节点不再存在时，就会以失败而告终，即当登山途中遇到小的山峰时会产生不能由此继续完成原来进程的问题。在节点 G 以后，若选择 H，此后就会发生走投无路的情况。这种情况与前面介绍过的随机搜索中产生的问题是相同的。因此，人们试探地构成了引入 Open 表和 Closed 表的算法。这里对于前面的算法 2.4，可以只根据 $g(n)$ 的替代量 $h(n)$ 的值，对 Open 表进行分类。此时，形成最佳优先搜索算法。

算法 2.8 最佳优先搜索算法

最佳优先搜索算法不必担心以前的代价，只需选择能使将来的代价预测值变成最小的路径。这种算法可以保证能够找到解，它可以在许多场合中高效地运行，但不能保证获得最优解。

最佳优先搜索算法的搜索过程如图 2.13 所示。

最佳优先搜索算法是登山法的推广，但它是对 Open 表中所有节点的 $f(n)$ 进行比较，按从小到大的顺序重新排列 Open 表。其算法效率类似于纵向搜索算法，但使用了与问题特性相关的估价函数来确定下一步待扩展的节点，因此是一种启发式搜索方法。

算法 2.9 A* 算法

为什么用最佳优先搜索算法不能得到最优解呢？当考虑这个问题时可以发现，这是忽略了始于初始节点的代价造成的。因此，节点 n 的评价值可以定义为

$$f(n) = g(n) + h(n) \tag{2.1}$$

式中，$g(n)$ 是从初始节点到节点 n 的路径代价的实际值；$h(n)$ 是从节点 n 到目标节点的路径代价的估计值。

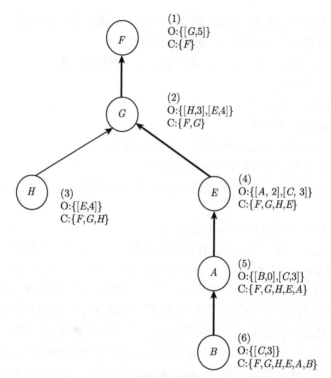

图 2.13　最佳优先搜索算法示意图

设 $f(n)$ 为评价函数，则能满足 $h(n)$ 的估计值是实际的最优值 $h^*(n)$ 的下界函数 (估计值小于实际最优值) 这一条件的搜索算法，称为 A* 算法。

A* 算法的具体步骤如下。

步骤 1　将初始节点 n_i 和它的代价 $f(n_i) = g(n_i)$ 放入 Open 表中。

步骤 2　把 Open 表中最前面的节点取出来，并设其为 n。如果 Open 表为空，则求解以失败告终。

步骤 3　扩展节点 n 得到子节点的集合，把 n 放入 Closed 表。

步骤 4　对于子节点的集合中不包含在 Closed 表中的节点 n^*，配置指向 n 的指针。计算 $g(n^*) = g(n) + c(n,n^*)$，并放入 Open 表中。在 n 已经放入 Open 表的情况下，当新的 $g(n^*)$ 比估计值小时，应予以更新，指针也应予以更换。在 n^* 已经放入 Closed 表中的情况下，当新的 $g(n^*)$ 比估计值小时，应从 Closed 表中取出，放入 Open 表，并更换指针。对于 Open 表，按照评价值递增的顺序进行分类。

步骤 5　返回步骤 2。

A* 算法的示意图如图 2.14 所示。

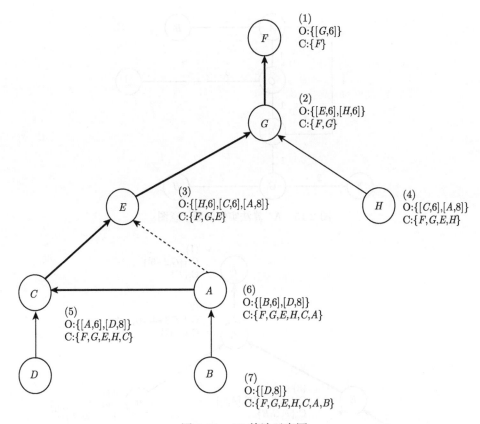

图 2.14 A* 算法示意图

均一代价搜索算法、最佳优先搜索算法与 A* 算法的性能比较如表 2.2 所示。

表 2.2 均一代价搜索算法、最佳优先搜索算法与 A* 算法的性能比较

算法名称	扩展次数	能否获得最优解
均一代价搜索算法	8	能
最佳优先搜索算法	6	不能
A* 算法	7	能

注: 在 A* 算法中, $h(n) \leqslant h^*(n)$ 是能够获得最优解的必要条件。不能满足这个条件的算法称为 A 算法, 它不能保证得到最优解。

例 2.1 寻求从初始节点 F 到达目标节点 B 的最优解, 如图 2.15 所示。采用 A* 算法的求解过程如图 2.16 所示。

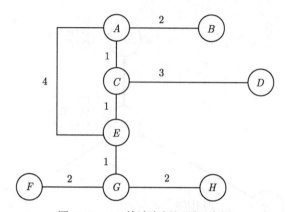

图 2.15 A* 算法实例问题示意图

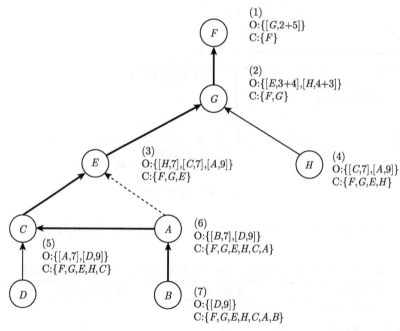

图 2.16 A* 算法搜索过程示意图

2. 八数码魔方问题的搜索求解

现在考虑如图 2.1 所示的八数码魔方问题, 采用 A* 算法进行求解, 此处采用简单的估价函数:

$$f(n) = W(n) \tag{2.2}$$

式中, $W(n)$ 用来计算对应于节点 n 的数据库中错放的棋子个数。

因为与目标节点相比，数字 1、2、6 和 8 的位置不相同，所以，初始节点棋局的 $f(n)$ 值等于 4，如图 2.17 所示。

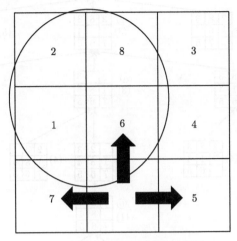

图 2.17　八数码魔方操作示意图

对于初始状态，第 1 步可以通过对空白方块向左、向上或向右的操作改变八数码魔方的状态，进而一步步逼近目标节点。

第 1 步操作完成后有三种可能的结果，选择其中 $f(n)$ 最小的，如图 2.18 所示。

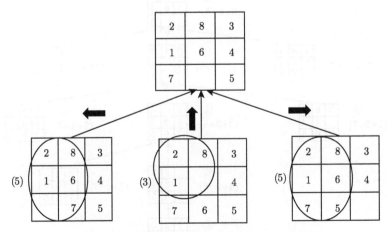

图 2.18　八数码魔方问题求解过程第 1 步示意图

其他依次类推。最后用了 7 步得出结果，如图 2.19 所示。

八数码魔方的 A* 算法搜索过程如图 2.20 所示。

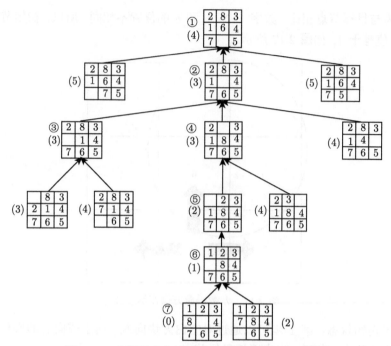

图 2.19　八数码魔方的最佳优先树搜索过程示意图

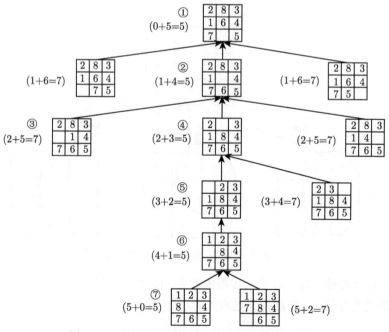

图 2.20　八数码魔方的 A* 算法搜索过程示意图

例 2.2　从左边的初始状态到达右边的目标状态，如图 2.21 所示。

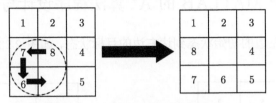

图 2.21　八数码魔方实例示意图

采用 A* 算法，得到如图 2.22 所示的搜索过程示意图。

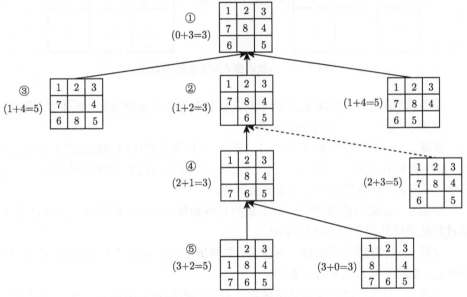

图 2.22　八数码魔方实例的 A* 算法搜索过程示意图

对以上四种算法的特点进行比较，如表 2.3 所示。

表 2.3　四种算法的特点比较

算法名称	特点
启发式搜索算法	以节点到目标节点的曼哈顿距离为基础进行选择，不保证正确性
登山法	$h(n)$ 的值朝着减小的方向进行搜索，当登山途中遇到小山峰时，就可能陷入走投无路的困境
最佳优先搜索算法	不考虑之前的代价，只需选择能使将来的代价预测值最小的搜索路径，不能保证一定找到最优解
A* 算法	既考虑始于初始节点的代价，又考虑到目标节点的路径代价，可获得最优解

2.3　基于 MATLAB 的 A* 算法程序设计与仿真实例

例 2.3　从左边的初始状态到达右边的目标状态，如图 2.23 所示。

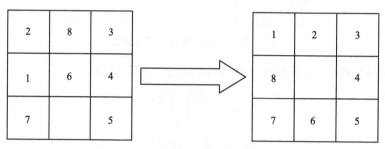

图 2.23　八数码魔方仿真实例示意图

采用 A* 算法解决如图 2.23 所示的八数码魔方仿真实例问题，具体步骤如下。

步骤 1　输入一个 3×3 数码矩阵。

步骤 2　计算估价函数 $f = g + h$，其中，g 代表从初始时刻到达当前时刻的代价，h 代表未来时刻的估价，$h = h_1 + h_2$，h_1 代表 "不在位" 的数码个数，h_2 代表各个 "不在位" 数码到达应在位置的距离和。

步骤 3　如果当前数码矩阵与期望的目标矩阵不相同，则寻找空格所在位置，通过判断空格的位置对其进行移动。

步骤 4　针对移动后的每一种情况，判断历史数据表中是否出现过，如果没有出现过，则将其存入历史数据表中。

步骤 5　对每一代中使得估价函数 f 最小的数码矩阵的标志位置 1，并对其执行步骤 3~步骤 5。

步骤 6　当估价函数 $h=0$ 时，说明当前数码矩阵与期望的目标矩阵完全相同，结束操作，输出每一步中标志位为 1 的数码矩阵。

采用 MATLAB 程序实现 A* 算法时，需要先定义一些子函数，然后通过主程序调用实现，各主要程序段的程序及功能阐述如下。

(1) 子函数 gskcostastar.m 用于计算估价函数 h_1 和 h_2。

```
function [intv0h1, intv0h2]=gskcostastar (pzstat, pzrstat)
% 计算估价函数h1和h2
% 计算估价函数h1
intv0h1=sum(sum(~(pzstat==pzrstat)));   %计算两个矩阵有几个地方不相同
% 计算估价函数h2
intv0h2=0;
```

```
for intv000=1:3                        %各个不在位数字离期望位置距离的总和
   for intv001=1:3
      intv002=pzstat(intv000,intv001);
      [intv003 intv004]=find(pzrstat==intv002);
      intv0h2=intv0h2+abs(intv003-intv000)+abs(intv004-intv001);
   end
end
```

(2) 子函数 gskpzjoin.m 用于将数码矩阵及估价函数平铺于同一行中。

```
function [pzinl]=gskpzjoin(pzinl,pzstat,intv00f,intv00g,intv00h)
% 在pzinl中新建行, 并将各项值放在同一行中方便对比
[intv000,intv001]=size(pzinl);
pzinl(intv000+1,1:3)=pzstat(1,:);     %将输入矩阵pzstat的第1行置于
                                       pzinl第一行的1:3
pzinl(intv000+1,4:6)=pzstat(2,:);     %将输入矩阵pzstat的第2行置于
                                       pzinl第一行的4:6
pzinl(intv000+1,7:9)=pzstat(3,:);     %将输入矩阵pzstat的第3行置于
                                       pzinl第一行的7:9
pzinl(intv000+1,10)=intv00f;          % pzinl第1行的10存放f
pzinl(intv000+1,11)=intv00g;          % pzinl第1行的11存放g
pzinl(intv000+1,12)=intv00h;          % pzinl第1行的12存放h
```

(3) 子函数 gskpzget.m 用于将一行数据输出成数码矩阵。

```
function [pzout,intv00f,intv00g,intv00h]=gskpzget(pzinl,intv01n)
%输出当前结果
pzout=[];
pzout(1,1:3)=pzinl(intv01n,1:3);      %将pzinl中第intv01n行1:3置于
                                       pzout第1行中
pzout(2,1:3)=pzinl(intv01n,4:6);      %将pzinl中第intv01n行4:6置于
                                       pzout第2行中
pzout(3,1:3)=pzinl(intv01n,7:9);      %将pzinl中第intv01n行7:9置于
                                       pzout第3行中
intv00f=pzinl(intv01n,10);
intv00g=pzinl(intv01n,11);
intv00h=pzinl(intv01n,12);
```

(4) 子函数 gsksearch.m 用于确认当前矩阵在历史数据中是否出现过。

```
function [intv01n]=gsksearch(intv2da,intv1da)
% 在intv2da中寻找与intv1da相同的行, 如果找到, intv01n输出相同行的序号
intv000=intv1da(1, :);
```

```
intv001=length(intv000);
intv0ln=find((intv2da(:,1)==intv000(1,1))&(intv2da(:,2)
==intv000(1,2))&(intv2da(:,3)
==intv000(1,3))&(intv2da(:,4)==intv000(1,4))&(intv2da(:,5)
==intv000(1,5))&(intv2da(:,6)
==intv000(1,6))&(intv2da(:,7)==intv000(1,7))&(intv2da(:,8)
==intv000(1,8))&(intv2da(:,9)
==intv000(1,9)));
```

(5) A* 算法的完整程序 gskmadem8puzzle.m 设计如下。

```
clc;
pzstat=input('enter a puzzle in 3 x 3 form (use 0 for space)
    ..........:    ');
pzrstat=[1 2 3;8 0 4;7 6 5];
intv000=size(pzstat);    % intv000包含了pzstat中的行列数
if not(all(intv000==[3 3]))    %如果输入的不是3*3矩阵，则执行下列语句
msgbox('Input is not in correct format.............. The format
    must be 3 x 3 matrix. The blank space should be replaced by 0.',
    '8-Puzzle suresh Kumar Gadi');
else    %否则
pzinl=[];
pzhis=[];
pzrhis=[];
intv00g=0;
[intv0h1,intv0h2]=gskcostastar(pzstat,pzrstat);    % 计算估计函数中的h1和h2
intv00h=intv0h1+intv0h2;    % 计算估计函数h=h1+h2
intv00f=intv00h+intv00g;    % 计算估计函数f=h+g
pzinl=gskpzjoin(pzinl,pzstat,intv00f,intv00g,intv00h);
% 将各项值都放在同一行中，方便对比
pzhis=gskpzjoin(pzhis,pzstat,intv00f,intv00g,intv00h);
% 将各项值都放在同一行中，方便对比
pzhis(:,13)=0;    % 将pzhis中的第13个值置0
pzhis(1,14)=0;    % 将pzhis中的第14个值置0
pzhis(1,15)=1;    % 将pzhis中的第15个值置1
intv001=1;
intv0ct=0;
intv0nd=1;
intv1nd=1;
while intv001==1;    %判断结果标志，当前矩阵与期望矩阵不等时为1，相等时为0
```

```
        intv0ct=intv0ct+1;
        [pzout,intv00f,intv00g,intv00h]=gskpzget(pzinl,1);
    % 将pzinl中的第一行信息输出，pzout输出的是3*3矩阵
    [intv002, intv003]=find (pzout==0);
    % 寻找pzout中的空格位置，intv002记录空格的横坐标，intv003记录空格的纵坐标
        pzinl=[];
        if intv00h~=0   %如果当前状态不是目标状态
    % 左移
            if intv003>1   %此时可以左移
                pzout1=pzout;
                pzout1(intv002,intv003)=pzout(intv002,intv003-1);
                pzout1(intv002,intv003-1)=0;
                [intv0h1, intv0h2]=gskcostastar(pzout1, pzrstat);
                intv00h=intv0h1+intv0h2;
                intv0g1=intv00g+1;
                intv00f=intv0g1+intv00h;
                [pzinl]=gskpzjoin(pzinl,pzout1,intv00f,intv0g1,
                    intv00h);

            end
    % 上移
            if intv002>1   %此时可以上移
                pzout1=pzout;
                pzout1(intv002, intv003)=pzout(intv002-1,intv003);
                pzout1(intv002-1, intv003)=0;
                [intv0h1, intv0h2]=gskcostastar(pzout1, pzrstat);
                intv00h=intv0h1+intv0h2;
                intv0g1=intv00g+1;
                intv00f=intv0g1+intv00h;
                [pzinl]=gskpzjoin(pzinl,pzout1,intv00f,intv0g1,
                    intv00h);

            end
    % 右移
            if intv003<3   %此时可以右移
                pzout1=pzout;
                pzout1(intv002,intv003)=pzout(intv002,intv003+1);
                pzout1(intv002,intv003+1)=0;
                [intv0h1,intv0h2]=gskcostastar(pzout1,pzrstat);
                intv00h=intv0h1+intv0h2;
```

```
            intv0g1=intv00g+1;
            intv00f=intv0g1+intv00h;
            [pzinl]=gskpzjoin(pzinl,pzout1,intv00f,intv0g1,
               intv00h);
      end
%  下移
      if intv002<3   %此时可以下移
            pzout1=pzout;
            pzout1(intv002,intv003)=pzout(intv002+1,intv003);
            pzout1(intv002+1,intv003)=0;
            [intv0h1,intv0h2]=gskcostastar(pzout1,pzrstat);
            intv00h=intv0h1+intv0h2;
            intv0g1=intv00g+1;
            intv00f=intv0g1+intv00h;
            [pzinl]=gskpzjoin(pzinl,pzout1,intv00f,intv0g1,
               intv00h);
      end
%  与历史数据比较
      [intv003, intv004]=size(pzinl);
      for intv004=1:intv003 %针对pzinl中的每一行，寻找是否曾在
                            历史数据中出现
      intv005=gsksearch(pzhis,pzinl(intv004,:));
      %如曾在历史数据中出现，则intv005不为0
         if ~isempty(intv005)   %如曾在历史数据中出现，则不执行任何操作
         else   %如未曾在历史数据中出现，则将新的一行存到历史数据中
               [intv007,intv008]=size(pzhis);
               intv008=pzinl(intv004,1:12);
               intv008(13)=0;
               intv008(14)=intv0nd;
               intv1nd=intv1nd+1;
               intv008(15)=intv1nd;   %编号
               pzhis(intv007+1,:)=intv008;   %存储在历史数据表中
         end
      end
%  选择新的模式
      intv005=find(pzhis(:,13)==1);
      intv006=length(intv005);
      pzrhis=pzhis;
```

```
            for intv007=1:intv006
                pzrhis(intv005(intv007)-(intv007-1),:)=[];  %删除行
            end
            intv003=min(pzrhis,[],1);  %输出每一列的最小值
            [pzout,intv00f,intv00g,intv00h]=gskpzget(intv003,1);
            [intv002,intv003]=find((pzrhis(:,10)==intv00f)&(pzrhis(:,
                13)==0));
            % 找到intv00f最小值所在的行
%  intv002=intv002(1,1);
            [pzout,intv00f,intv00g,intv00h]=gskpzget(pzrhis,intv002
                (1,1));
            intv0nd=pzrhis(intv002(1,1),15);
            pzinl=[];
            [pzinl]=gskpzjoin(pzinl,pzout,intv00f,intv00g,intv00h);
            % 将最优行存放在pzinl中
            intv005=gsksearch(pzhis,pzinl);
            pzhis(intv005,13)=1;  %将每一代中最优行的位置置1
            intv001=1;
        else
            intv001=2;
        end
    end
    % 显示搜索步骤
    [intv000,intv001]=size(pzhis);
    intv002=1;
    pzshow=[];
    intvcnt=0;
    while intv002==1
        intvcnt=intvcnt+1;
        pzshow(intvcnt)=intv000;  %用于存储每一代的编号
        intv000=pzhis(intv000,14);
        if intv000==0
            intv002=2;
        else
            intv002=1;
        end
    end
    for intv000=1:intvcnt
```

```
    [pzout, intv00f, intv00g, intv00h]=gskpzget (pzhis, pzshow
      (intvcnt-intv000+1));
    intv000
    pzout
  end
end
```

采用 A* 算法, 运行上述 MATLAB 程序, 输入矩阵 $\begin{bmatrix} 2 & 8 & 3 \\ 1 & 6 & 4 \\ 7 & 0 & 5 \end{bmatrix}$, 就得到八数

码魔方仿真实例的 A* 算法搜索过程历史数据, 如图 2.24 所示。

pzhis=

2	8	3	1	6	4	7	0	5	11	0	11	0	0	1
2	8	3	1	6	4	0	7	5	15	1	14	0	1	2
2	8	3	1	0	4	7	6	5	8	1	7	1	1	3
2	8	3	1	6	4	7	5	0	15	1	14	0	1	4
2	8	3	0	1	4	7	6	5	12	2	10	0	3	5
2	0	3	1	8	4	7	6	5	10	2	8	1	3	6
2	8	3	1	4	0	7	6	5	13	2	11	0	3	7
0	2	3	1	8	4	7	6	5	10	3	7	1	6	8
2	3	0	1	8	4	7	6	5	14	3	11	0	6	9
1	2	3	0	8	4	7	6	5	8	4	4	1	8	10
1	2	3	8	0	4	7	6	5	5	5	0	1	10	11
1	2	3	7	8	4	0	6	5	12	5	7	0	10	12

图 2.24   八数码魔方仿真实例的 A* 算法搜索过程历史数据

根据图 2.24, 可以很容易推导出八数码魔方仿真实例的 A* 算法搜索过程, 如图 2.25 所示。

由图 2.25 可知, 按照黑色箭头所示的方向进行搜索, 就能得出八数码魔方仿真实例的搜索结果。

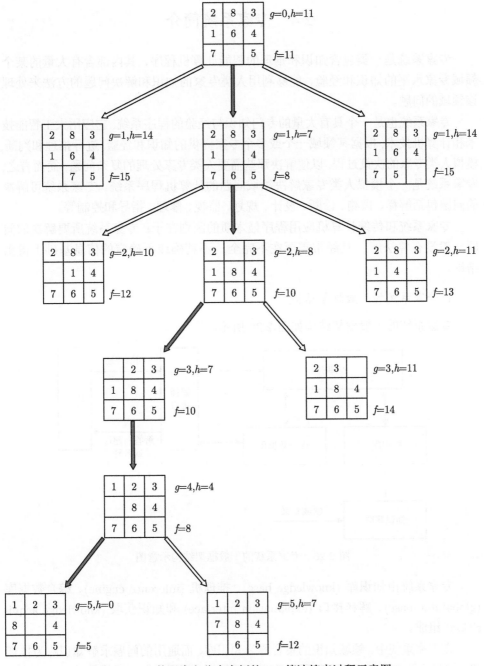

图 2.25　八数码魔方仿真实例的 A* 算法搜索过程示意图

2.4 专家系统简介

专家系统是一类包含知识和推理的智能计算机程序，其内部含有大量的某个领域专家水平的知识和经验，能够利用人类专家的知识和解决问题的方法来处理该领域的问题。

专家系统也是一个具有大量的专门知识与经验的程序系统，它应用人工智能技术和计算机技术，根据某领域一个或多个专家提供的知识和经验，进行推理和判断，模拟人类专家的决策过程，以便解决那些需要人类专家处理的复杂问题。简而言之，专家系统是一个模拟人类专家解决领域问题的计算机程序系统。专家系统可解决的问题包括解释、预测、诊断、设计、规划、监视、修理、指导和控制等。

专家系统和传统计算机应用程序最本质的区别在于：专家系统所要解决的问题一般没有算法解，且经常需要在不完全、不精确或不确定的信息基础上得出结论。

1. 专家系统的一般框架结构

专家系统的一般框架结构如图 2.26 所示。

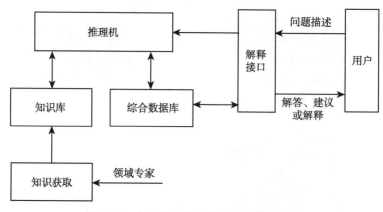

图 2.26 专家系统的一般框架结构示意图

专家系统由知识库 (knowledge base)、推理机 (inference engine)、综合数据库 (global database)、解释接口 (explanation interface) 和知识获取 (knowledge acquisition) 组成。

在专家系统中，领域知识的集合称为知识库，而通用的问题求解知识称为推理机。按照这种方式组织知识的程序称为基于知识的系统，专家系统是基于知识的系统。知识库和推理机是专家系统中两个主要的组成部分。

知识库是知识的存储器，用于存储领域专家的经验性知识以及有关的事实、一般常识等。

推理机是专家系统的 "思维" 机构，实际上是求解问题的计算机软件系统。推理机的主要功能是协调、控制专家系统，决定如何选用知识库中的有关知识，对用户提供的证据进行推理，求得问题的解答或证明某个结论的正确性。推理一般分为正向推理、反向推理和双向推理三种。① 正向推理 (数据驱动策略)：从原始数据和已知条件推断出结论；② 反向推理 (目标驱动策略)：提出结论或假设，寻找支持这个结论或假设的条件或证据，若成功则结论成立，推理成功；③ 双向推理：运用正向推理帮助系统提出假设，运用反向推理寻找支持该假设的证据。

综合数据库 ("黑板" 或 "数据库") 是存放推理的初始证据、中间结果和最终结果等的工作存储器。

解释接口 (人机界面) 用于把用户输入的信息转换为系统内规范化的表示形式，交给相应模块处理，把系统输出的信息转换为用户易于理解的外部表示形式显示给用户。

知识获取是通过人工方法或机器学习的方法将某领域内的事实性知识和领域专家所特有的经验性知识转化为计算机程序的过程，是专家系统中的一个 "瓶颈" 问题。

专家系统的基本特征包括：具有专家水平的专门知识；能进行有效的推理；具有透明性和灵活性；具有一定的复杂性与难度。

与人类专家相比，专家系统的特点如表 2.4 所示。

表 2.4　人类专家与专家系统的比较

因素	人类专家	专家系统
可用时间	工作日	全天候
地理	本地	任何可行地方
安全	不可取代	可取代
性能	变动	恒定
速度	变动	恒定 (总是快些)
代价	高	偿付得起

2. 专家系统的类型

专家系统一般分为以下九种类型。

(1) 诊断型专家系统。诊断型专家系统可根据对症状的观察与分析，推断故障原因及确定故障排除方案，如汽轮机振动故障诊断、风电机组齿轮箱故障诊断等。

(2) 解释型专家系统。解释型专家系统可根据表层信息解释深层结构或内部可能情况，如语音理解、图像分析、卫星云图分析、地质结构及化学结构分析等。

(3) 预测型专家系统。预测型专家系统可根据过去和现在的观测数据预测未来可能发生的情况，如气象预报、人口预测、交通预测、经济及军事形势的预测等。

(4) 设计型专家系统。设计型专家系统可按给定的要求进行产品设计，广泛应用于电路设计、机械产品设计及建筑设计等领域。

(5) 决策型专家系统。决策型专家系统可对各种可能的决策方案进行综合评判和选优，包括各种领域的智能决策及咨询。

(6) 规划型专家系统。规划型专家系统主要用于制订行动计划，包括自动程序设计、机器人规划、交通运输调度、军事计划制订和农作物施肥方案规划等。

(7) 控制型专家系统。控制型专家系统可自适应地管理一个受控对象或客体的全部行为，使之满足预定要求，如空中交通管制、自主机器人控制和生产质量控制。

(8) 教学型专家系统。教学型专家系统可根据学生特点、弱点和基础知识，以最适当的教案和教学方法对学生进行教学和辅导。

(9) 监视型专家系统。监视型专家系统可对某些行为进行监视并在必要时进行干预，主要用于核电站的安全监视、机场监视、森林监视、传染病疫情监视和防空监视等。

3. 专家控制系统和专家式控制器

根据专家系统技术在控制系统中应用的复杂程度，可分为专家控制系统和专家式控制器两种主要形式。

专家控制系统具有全面的专家系统结构、完善的知识处理功能和实时控制的可靠性能；采用黑板等结构，知识库庞大，推理机复杂；包括知识获取子系统和学习子系统，人机接口要求较高。

专家式控制器是专家控制系统的简化形式，针对具体的控制对象或过程，着重于启发式控制知识的开发，具有实时算法和逻辑功能；知识库较小，推理机制简单，省去复杂的人机接口；结构简单，能满足工业过程控制需要，应用日益广泛。

专家控制系统虽然引用了专家系统的思想和方法，但它与一般的专家系统还有以下显著的差别。

(1) 通常的专家系统只完成专门领域问题的咨询功能，它的推理结果一般用于辅助用户的决策；而专家控制系统要求能对控制动作进行独立、自动的决策，它的功能一定要有连续的可靠性和较强的抗扰性。

(2) 通常的专家系统一般处于离线工作方式，而专家控制系统要求在线地获取动态反馈信息，因而是一种动态系统，它应具有使用的灵活性和实时性，即能联机完成控制。

2.5　专家 PID 控制

专家 PID 控制充分挖掘了 PID 控制策略的优势和专家系统的优点, 按照确定性规则进行搜索。本节针对一个典型二阶对象设计专家 PID 控制器, 典型二阶系统的单位阶跃响应如图 2.27 所示 [67]。

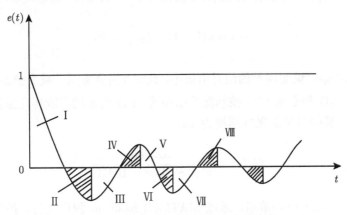

图 2.27　典型二阶系统的单位阶跃响应

设 $e_m(k)$ 是误差 e 的第 k 个极值, $u(k)$ 为控制器的第 k 次输出, $u(k-1)$ 为控制器的第 $k-1$ 次输出。k_1 是增益放大系数, 取值范围为 $k_1 > 1$, k_2 是增益抑制系数, 取值范围为 $0 < k_2 < 1$。M_1 和 M_2 分别是设定的误差界限, $M_1 > M_2$。k 表示控制周期的序号 (自然数), ε 为任意小的正实数。

根据误差及其变化, 基于专家经验可设计专家 PID 控制器, 具体如下。

(1) $|e(k)| > M_1$, 表明误差的绝对值太大, 无论误差变化趋势如何, 都要使控制器按最大或最小输出, 以迅速调整误差, 使误差绝对值以最大速度减小。此时, 相当于实施开环控制。

(2) $e(k)\Delta e(k) > 0$, 说明误差在朝绝对值增大方向变化, 或误差为某一常数未发生变化。此时, 如果 $|e(k)| \geqslant M_2$, 则说明误差也较大, 可实施较强的控制作用, 以使误差朝绝对值减小方向变化, 控制器输出为

$$u(k) = u(k-1) + k_1\{k_p[e(k) - e(k-1)] + k_i e(k) + k_d[e(k) - 2e(k-1) + e(k-2)]\} \quad (2.3)$$

如果 $|e(k)| < M_2$, 则说明尽管误差朝绝对值增大方向变化, 但误差绝对值本身不大, 可考虑实施一般的控制作用, 控制器输出为

$$u(k) = u(k-1) + k_p[e(k) - e(k-1)] + k_i e(k) + k_d[e(k) - 2e(k-1) + e(k-2)] \quad (2.4)$$

(3) $e(k)\Delta e(k) < 0$ 且 $\Delta e(k)\Delta e(k-1) > 0$ 或者 $e(k) = 0$, 说明误差的绝对值朝减小的方向变化, 或者已经达到平衡状态。此时, 控制器输出可保持不变。

(4) $e(k)\Delta e(k) < 0$ 且 $\Delta e(k)\Delta e(k-1) < 0$，说明误差处于极值状态。如果此时误差的绝对值较大，即 $|e(k)| \geqslant M_2$，可考虑实施较强的控制作用：

$$u(k) = u(k-1) + k_1 k_{\mathrm{p}} e_{\mathrm{m}}(k) \tag{2.5}$$

如果 $|e(k)| < M_2$，可考虑实施较弱的控制作用：

$$u(k) = u(k-1) + k_2 k_{\mathrm{p}} e_{\mathrm{m}}(k) \tag{2.6}$$

(5) $|e(k)| \leqslant \varepsilon$，说明误差的绝对值很小，此时可加入积分，减少稳态误差。

分别用 PID 和专家 PID 控制器求出如式 (2.7) 所示的三阶传递函数的单位阶跃响应曲线，其中对象的采样周期为 1ms：

$$G_{\mathrm{p}}(s) = \frac{523500}{s^3 + 87.35s^2 + 10470s} \tag{2.7}$$

根据专家 PID 控制策略，通过 MATLAB 编制 .m 程序文件，得到采用传统 PID 控制器和专家 PID 控制器的系统单位阶跃响应如图 2.28 所示，误差响应如图 2.29 所示。

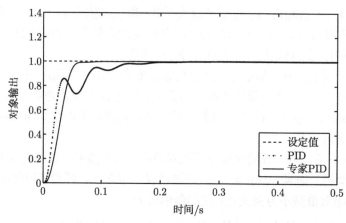

图 2.28　采用传统 PID 控制器和专家 PID 控制器的系统单位阶跃响应

采用传统 PID 控制器和专家 PID 控制器后系统的性能指标比较如表 2.5 所示。其中，t_{r} 为上升时间，t_{p} 为峰值时间，t_{s} 为调节时间，$\delta\%$ 为超调量，ITAE 为时间乘以误差绝对值积分 (integration of time multiplied absolute error)，采用这些性能指标来定量衡量系统的设定值跟踪性能、扰动抑制性能、稳态性能和动态性能。

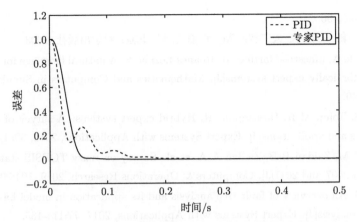

图 2.29　采用传统 PID 控制器和专家 PID 控制器的系统误差响应

表 2.5　采用传统 PID 控制器和专家 PID 控制器后系统的性能指标比较

控制器	上升时间 t_r/s	峰值时间 t_p/s	调节时间 t_s/s	超调量 δ/%	ITAE
传统 PID	0.0698	0.500	0.136	0.1627	0.2681
专家 PID	0.0327	0.157	0.056	0.0995	0.3034

表 2.5 表明，与采用传统 PID 控制器的控制系统相比，采用专家 PID 控制器后，虽然系统的 ITAE 有所增大，但上升时间 t_r 大大减少，峰值时间 t_p 明显减少，调节时间 t_s 显著缩短，且超调量 δ 也大大减少。

2.6　本 章 小 结

本章首先介绍了专家系统的核心问题即搜索问题，针对八数码魔方典型搜索问题，从随机搜索算法入手，逐步引入 Closed 表和 Open 表，形成纵向搜索算法和横向搜索算法；考虑实际问题中普遍存在的代价问题，介绍了启发式的智能搜索算法，包括最佳优先搜索算法、A* 算法，以及它们分别如何解决八数码魔方问题。然后采用 MATLAB 程序设计了八数码魔方仿真实例的 A* 算法求解过程，阐述了专家系统的基本概念、主要组成部分及主要类型。最后针对工业过程典型控制问题，给出了专家 PID 控制策略及其仿真实现方法。

参 考 文 献

[1]　史忠植. 高级人工智能[M]. 2 版. 北京：科学出版社, 2006.

[2]　Wagner W P. Trends in expert system development: A longitudinal content analysis of over thirty years of expert system case studies[J]. Expert Systems with Applications,

2017, 76:85-96.

[3] 沟口理一郎, 石田亨. 人工智能[M]. 卢伯英, 译. 北京: 科学出版社, 2003.

[4] Hernando A, Maestre-Martínez R, Roanes-Lozano E. A natural language for implementing algebraically expert systems[J]. Mathematics and Computers in Simulation, 2016, 129:31-49.

[5] Sahin S, Tolun M R, Hassanpour R. Hybrid expert systems: A survey of current approaches and applications[J]. Expert Systems with Applications, 2012, 39(4):4609-4617.

[6] Salih M M, Zaidan B B, Zaidan A A, et al. Survey on fuzzy TOPSIS state-of-the-art between 2007 and 2017[J]. Computers & Operations Research, 2019, 104:207-227.

[7] Kabir S. An overview of fault tree analysis and its application in model based dependability analysis[J]. Expert Systems with Applications, 2017, 77:114-135.

[8] icen D, Günay S. Design and implementation of the fuzzy expert system in Monte Carlo methods for fuzzy linear regression[J]. Applied Soft Computing, 2019, 77:399-411.

[9] Poli J P, Boudet L. A fuzzy expert system architecture for data and event stream processing[J]. Fuzzy Sets and Systems, 2018, 343:20-34.

[10] Berredjem T, Benidir M. Bearing faults diagnosis using fuzzy expert system relying on an improved range overlaps and similarity method[J]. Expert Systems with Applications, 2018, 108:134-142.

[11] Ma D Y, Liang Y C, Zhao X S, et al. Multi-BP expert system for fault diagnosis of power system[J]. Engineering Applications of Artificial Intelligence, 2013, 26(3):937-944.

[12] Belle A B, Lethbridge T C, Garzón M, et al. Design and implementation of distributed expert systems: On a control strategy to manage the execution flow of rule activation[J]. Expert Systems with Applications, 2018, 96:129-148.

[13] Hunt K J. Expert systems 1987, an assessment of technology and applications: Terry C. Walker and Richard K. Miller[J]. Automatica, 1990, 26(3):642-643.

[14] Jiroušek R. Expert systems—principles and programming: Joseph C. Giarratano and Gary Riley[J]. Automatica, 1991, 27(3):585-586.

[15] Kurzweil R. 人工智能的未来: 揭示人类思维的奥秘[M]. 盛杨燕, 译. 杭州: 浙江人民出版社, 2016.

[16] Negnevitsky M. 人工智能: 智能系统指南[M]. 3 版. 陈薇, 等译. 北京: 机械工业出版社, 2012.

[17] 蔡自兴, 约翰·德尔金, 龚涛. 高级专家系统: 原理、设计及应用[M]. 2 版. 北京: 科学出版社, 2014.

[18] Power T, McCabe B, Harbison S A. FaSTR DNA: A new expert system for forensic DNA analysis[J]. Forensic Science International: Genetics, 2008, 2(3):159-165.

[19] Grahovac D, Devedzic V. COMEX: A cost management expert system[J]. Expert Systems with Applications, 2010, 37(12):7684-7695.

[20]　Chang H. An efficient expert system—WPSC and implementation[J]. Expert Systems with Applications, 2011, 38(1):843-849.

[21]　Hussein N S, Aqel M J. ESTJ: An expert system for tourism in Jordan[J]. Procedia Computer Science, 2015, 65:821-826.

[22]　Qiu F, Lei Z T, Sumner L W. MetExpert: An expert system to enhance gas chromatography-mass spectrometry-based metabolite identifications[J]. Analytica Chimica Acta, 2018, 1037:316-326.

[23]　Dai S Y, Xu B, Shi G L, et al. SeDeM expert system for directly compressed tablet formulation: A review and new perspectives[J]. Powder Technology, 2019, 342:517-527.

[24]　尹朝庆. 人工智能与专家系统[M]. 2 版. 北京：中国水利水电出版社, 2009.

[25]　武波, 马玉祥. 专家系统[M]. 2 版. 北京：北京理工大学出版社, 2001.

[26]　阎瑞霞. 粗糙集的论域扩展理论及在专家系统中的应用[M]. 北京：清华大学出版社, 2013.

[27]　陈立潮. 知识工程与专家系统[M]. 北京：高等教育出版社, 2013.

[28]　敖志刚. 人工智能及专家系统[M]. 北京：机械工业出版社, 2010.

[29]　Ruiz-Mezcua B, Garcia-Crespo A, Lopez-Cuadrado J L, et al. An expert system development tool for non AI experts[J]. Expert Systems with Applications, 2011, 38(1):597-609.

[30]　刘培奇. 新一代专家系统开发技术及应用[M]. 西安：西安电子科技大学出版社, 2014.

[31]　Giarratano J C, Riley G D. 专家系统原理与编程[M]. 4 版. 印鉴, 陈忆群, 刘星成, 译. 北京：机械工业出版社, 2006.

[32]　崔奇明, 李友红, 崔舒婷, 等. 专家系统工具 ESTA 及其应用[M]. 沈阳：东北大学出版社, 2014.

[33]　周志杰, 杨剑波, 胡昌华, 等. 置信规则库专家系统与复杂系统建模[M]. 北京：科学出版社, 2011.

[34]　郎荣玲, 潘磊, 吕永乐. 基于飞行数据的民航飞机故障诊断专家系统[M]. 北京：国防工业出版社, 2014.

[35]　Vámos A T. Competent expert systems: A case study in fault diagnosis: E. T. Keravnou and L. Johnson[J]. Automatica, 1988, 24(1):112-113.

[36]　索红军. 基于关系数据库的电力变压器故障诊断专家系统[M]. 北京：科学出版社, 2019.

[37]　Rajeshbabu S, Manikandan B V. Detection and classification of power quality events by expert system using analytic hierarchy method[J]. Cognitive Systems Research, 2018, 52:729-740.

[38]　魏顺平. 教学设计专家系统研究[M]. 北京：中央广播电视大学出版社, 2016.

[39]　Xavier D, Crespo B, Fuentes-Fernández R. A rule-based expert system for inferring functional annotation[J]. Applied Soft Computing, 2015, 35:373-385.

[40]　Diego I M, Siordia O S, Fernández-Isabel A, et al. Subjective data arrangement using clustering techniques for training expert systems[J]. Expert Systems with Applications, 2019, 115:1-15.

[41] Deng Z H, Zhang H, Fu Y H, et al. Research on intelligent expert system of green cutting process and its application[J]. Journal of Cleaner Production, 2018, 185:904-911.

[42] 李年银, 赵立强. 砂岩储层酸化专家决策支持系统理论与实践[M]. 北京：石油工业出版社, 2015.

[43] 范晓慧. 铁矿造块数学模型与专家系统[M]. 北京：科学出版社, 2013.

[44] 姜福兴. 采煤工作面顶板控制设计及其专家系统[M]. 北京：煤炭工业出版社, 2010.

[45] Bhatt M R, Buch S H. An expert system of die design for multi stage deep drawing process[J]. Procedia Engineering, 2017, 173:1650-1657.

[46] 郑剑. 高能固体推进剂性能及配方设计专家系统[M]. 北京：国防工业出版社, 2014.

[47] Sabzi S, Abbaspour-Gilandeh Y, García-Mateos G. A fast and accurate expert system for weed identification in potato crops using metaheuristic algorithms[J]. Computers in Industry, 2018, 98: 80-89.

[48] 李少昆, 赖军臣, 明博. 玉米病虫草害诊断专家系统[M]. 北京：中国农业科学技术出版社, 2009.

[49] 罗卫红. 温室作物生长环境模型与专家系统[M]. 北京：中国农业出版社, 2008.

[50] Stoia C L. A study regarding the use of expert systems in economics field[J]. Procedia Economics and Finance, 2013, 6:385-391.

[51] Lee W K, Leong C F, Lai W K, et al. ArchCam: Real time expert system for suspicious behaviour detection in ATM site[J]. Expert Systems with Applications, 2018, 109:12-24.

[52] 王昭东. 量化投资专家系统开发与策略实战[M]. 北京：电子工业出版社, 2018.

[53] Qiu S Q, Sallak M, Schön W, et al. A valuation-based system approach for risk assessment of belief rule-based expert systems[J]. Information Sciences, 2018, 466:323-336.

[54] Maio F D, Bandini A, Damato M, et al. A regional sensitivity analysis-based expert system for safety margins control[J]. Nuclear Engineering and Design, 2018, 330:400-408.

[55] Liberado E V, Marafão F P, Simões M G, et al. Novel expert system for defining power quality compensators[J]. Expert Systems with Applications, 2015, 42(7):3562-3570.

[56] 胡曙光, 钟珞, 吕林女. 混凝土安全性专家系统[M]. 北京：科学出版社, 2007.

[57] Diana S, Ariadi Nugroho Y. Mobile expert system using fuzzy tsukamoto for diagnosing cattle disease[J]. Procedia Computer Science, 2017, 116:27-36.

[58] Ali S A, Saudi H I. An expert system for the diagnosis and management of oral ulcers[J]. Tanta Dental Journal, 2014, 11(1):42-46.

[59] Silva P, Gago P, Ribeiro J C B, et al. An expert system for supporting traditional Chinese medicine diagnosis and treatment[J]. Procedia Technology, 2014, 16:1487-1492.

[60] Chen Y C, Hsu C Y, Liu L, et al. Constructing a nutrition diagnosis expert system[J]. Expert Systems with Applications, 2012, 39(2):2132-2156.

[61] Ahmed I M, Alfonse M, Aref M, et al. Reasoning techniques for diabetics expert systems[J]. Procedia Computer Science, 2015, 65:813-820.

[62]　Cornelia A M, Murzea C I, Alexandrescu B, et al. Expert systems with applications in the legal domain[J]. Procedia Technology, 2015, 19:1123-1129.

[63]　Savage J, Rosenblueth D A, Matamoros M, et al. Semantic reasoning in service robots using expert systems[J]. Robotics and Autonomous Systems, 2019, 114:77-92.

[64]　Atis S, Ekren N. Development of an outdoor lighting control system using expert system[J]. Energy and Buildings, 2016, 130:773-786.

[65]　Zamuda A, Sosa J D H. Success history applied to expert system for underwater glider path planning using differential evolution[J]. Expert Systems with Applications, 2019, 119:155-170.

[66]　Ikram A, Qamar U. Developing an expert system based on association rules and predicate logic for earthquake prediction[J]. Knowledge-Based Systems, 2015, 75:87-103.

[67]　刘金锟. 智能控制[M]. 4 版. 北京: 电子工业出版社, 2017.

第 3 章 模 糊 控 制

专家系统一般基于确定性的规则进行搜索和推理，但实际生活和工业过程控制中，往往需要依赖于类似 "如果温度较高，那么阀门开度调小些；如果温度适中，那么阀门开度保持不变；如果温度较低，那么阀门开度调大些" 的模糊推理规则，这就是模糊控制的基本原则。本章主要介绍模糊控制的基本内容及其仿真实现方法，以及基于基金会现场总线 (foundation fieldbus, FF) 的应用案例。

3.1 模糊控制的发展历史

自控制论诞生以来，自动控制在开环控制的带动下完成了起始阶段的发展 [1,2]。紧接着，人们对自动控制的研究进一步深入，各种复杂的控制策略被相继提出，有效地引导并推进了自动控制的发展，使其理论体系更加完善，最终形成人们所熟知的智能控制 [3]。目前，被控对象和控制任务往往是复杂多变的，要处理所涉及的内部信息相当困难，系统难以控制。智能控制凭借将定性和定量结合起来的手段，使系统能够自动地做出优化和决断，体现了良好的控制效果 [4,5]。

模糊控制的形成可以说是控制技术发展的必然，如同 Zadeh 不相容原理所讲述的：当一个系统的复杂性增大时，其清晰化的能力将降低，达到一定阈值时，复杂性和清晰性将相互排斥 [6-10]。传统控制策略的实现依赖于系统的确定性，但目前所探究的大多数系统都无法提供足够的明确信息来满足该方面的要求。在这种情况下，应用模糊控制能够有效地解决问题 [11]。

模糊控制的主要特点是把人对被控对象的操控经验以 "模糊规则" 的方式传授给机器，让机器能代替人完成操作。采用这种独特的方式控制被控对象，不仅可以消除对控制系统数学模型的依赖，而且能够做到仅凭由操作经验产生的控制规则就可以实现智能控制。为了使机器能够依照所给规则进行相应的操作，模糊理论提供了一种把人类语言描述的内容以数学方式来表现的方法 [12]。

随着模糊控制技术的日益发展，其仿真算法的研究也变得尤为重要。本章主要使用 MATLAB 模糊控制工具箱，重现模糊控制仿真算法，介绍其主要控制思想以及实现的控制效果 [13]。

20 世纪 60 年代，美国自动控制专家 Zadeh 教授为了能用数学的方式来表达那些纯属主观意义的模糊概念，把经典集合与多值逻辑相结合，形成了模糊集合理论。在这之后，开始出现许多模糊集合理论和模糊逻辑推理的研究成果，如模糊算法概念、模糊排序、模糊决策 [14]。1973 年, Zadeh 教授又给出了一系列模糊控制相关的基本概念,初步完成了模糊控制理论的建立,这也标志着模糊逻辑在控制领域中的运用 [15]。

模糊控制在原有的控制基础上加入了人类的思维方式,能对一些非常规的被控对象进行控制,因此得到了人们的广泛关注。在工业生产的各个领域中,模糊控制逐渐显露出它的优势,随着其应用的不断普及,相应的理论体系也得到了进一步完善,进而使控制技术有了新的研究方向 [16]。在计算机技术飞速发展的时代,模糊控制理论也被应用于硬件系统的开发,这有力地说明模糊控制具有很强的实用性 [17]。

根据其结构上的特点,模糊控制的发展大体可分成三个阶段:第一个阶段为模糊数学的产生以及相关理论的提出,这是模糊控制形成的基础;第二个阶段是模糊控制器的初步成型,但由于各方面条件的限制,该阶段的控制器无法跟随系统环境的改变而变化,鲁棒性较差;第三个阶段是高性能模糊控制器的研发,为了满足人们的实际需要,以及对模糊控制器的有效利用,形成了许多高性能的模糊控制策略。

近年来,模糊控制已经逐步形成了一些新的研究领域,如三域模糊控制 [18]、反馈模糊控制 [19]、分数阶模糊控制 [20]、鲁棒 H_∞ 模糊控制 [21,22]、自适应模糊控制 [23-27]、模糊变结构控制 [28]、切换模糊控制 [29] 和基于 T-S 模糊模型的非张性系统控制 [30] 等。另外,模糊控制因其突出的控制效果已经在各个工业领域得到广泛的应用,如生物过程控制 [31]、发酵过程控制 [32]、蒸馏过程控制 [33]、倒立摆控制 [34]、四旋翼无人机编队控制 [35]、火星探测车控制 [36]、感应电机 [37]、多输入-多输出非线性系统 [38] 等,还应用于火电机组热工过程控制优化 [39,40]、四旋翼无人机 [40]、微网智能控制 [41,42]、太阳能光伏发电机组优化控制 [43,44]、风电机组功率系数估计 [45]、配置储能系统的可再生能源能量管理策略优化 [46]、并联型有源电力滤波器 [47] 等方面。

3.2　模糊控制的数学基础

经典集合论的研究对象是确定、清晰、彼此可区分的事物,但许多事物彼此间的差异以及分界是不清晰的。存在于客观世界的事物,其属性并非全都是 "非此即彼" 的,有些事物也可能表现出 "亦此亦彼" 的情况,特别是处在中间过渡状态的两个不同事物,都会表现出上面所描述的模糊性。模糊性源于事物的发生、发展以及变化性,处在过渡状态下的事物,表现出来的特性是类属的不分明性和性态的不确定性,也可称为模糊性 [8-13]。

3.2.1 模糊集合

1. 模糊集合的概念

模糊集合是用来表示模糊性概念的集合,简称为 F 集合。

定义 3.1 设 A 是论域 X 到闭区间 $[0,1]$ 的一个映射,即

$$A : X \to [0,1]$$
$$x : A(X) \in [0,1] \tag{3.1}$$

则称 A 是 X 上的一个模糊集合 (或称 A 是 X 的一个模糊子集),称 $A(X)$ 为模糊集 A 的隶属函数,其所取值称为 x 对模糊集合 A 的隶属度。

论域 X 上的全体模糊集合记作 $F(x)$,称为模糊幂集。当 $A(X)$ 取值仅为 0 和 1 时,$A(X)$ 变成普通集合的特征函数。因此,可以说普通集合是特殊的模糊集合,模糊集合是普通集合的推广。

模糊集合的表示方法如下。

1) 序偶表示法

设论域 $X = \{x_1, x_2, \cdots, x_n, \cdots\}$,则 X 上的模糊集合 A 可表示为

$$A = \{(A(x_1), x_1), (A(x_2), x_2), \cdots, (A(x_n), x_n), \cdots\} \tag{3.2}$$

此方法称为序偶表示法。

2) Zadeh 表示法

当论域 X 只包含有限多个元素或者可数无限多个元素时,X 上的模糊集合 A 可表示为

$$A = \sum \frac{\mu_A(x_i)}{x_i}$$
$$= \frac{\mu_A(x_1)}{x_1} + \frac{\mu_A(x_2)}{x_2} + \cdots + \frac{\mu_A(x_n)}{x_n}, \quad i = 1, 2, \cdots, n \tag{3.3}$$

式中,$\dfrac{\mu_A(x_i)}{x_i}$ 不表示分数,而是用来说明各元素所对应的隶属度;"+" 也不表示相加,而是用来表明模糊集合在论域上的整体性。在 Zadeh 表示法中,隶属度为 0 的项可以不写。

3) 向量表示法

当论域中的元素有限且有序时,模糊集合 A 可以表示为

$$A = (A(x_1), A(x_2), \cdots, A(x_n)) \tag{3.4}$$

用向量法表示时,同一论域上,各模糊集合中元素隶属度的排列顺序必须相同,而且隶属度为 0 的项不可忽略。

4) 函数表示法

根据模糊集合 A 的定义，可以用其隶属函数来表示，即 $A = \mu_A(x), x \in X$，$A(x)$ 的形式既可以是某一表达式，也可以是一个分段函数表达式。

2. 模糊集合的运算

模糊集合的运算分为逻辑运算和代数运算，由于模糊集合是用隶属函数来表示的，所以模糊集合之间的运算就是对论域中所对应各元素的隶属度的相应运算。

1) 模糊集合的逻辑运算

模糊集合的逻辑运算主要如下。

模糊集合的相等：若模糊集合 A 和 B，对于所有 $x \in X$，都有 $\mu_A(x) = \mu_B(x)$，则模糊集合 A 等同于模糊集合 B，用 $A = B$ 来表示。

模糊集合的包含：若模糊集合 A 和 B，对于所有 $x \in X$，都有 $\mu_A(x) \leqslant \mu_B(x)$，则称模糊集合 A 包含于模糊集合 B，或称 A 是 B 的子集，用 $A \subseteq B$ 来表示。

模糊全集：对所有 $x \in X$，均有 $\mu_A(x) = 1$，则称 A 为模糊全集。

模糊空集：对所有 $x \in X$，均有 $\mu_A(x) = 0$，则称 A 为模糊空集。

模糊集合的并集：若集合 $A, B, C \in F(X)$，对 $x \in X$，均有

$$\mu_C(x) = \mu_A(x) \vee \mu_B(x) = \max[\mu_A(x), \mu_B(x)] \tag{3.5}$$

则称集合 C 为集合 A 和 B 的并集，记作 $C = A \cup B$。

模糊集合的交集：若集合 $A, B, C \in F(X)$，对 $x \in X$，均有

$$\mu_C(x) = \mu_A(x) \wedge \mu_B(x) = \min[\mu_A(x), \mu_B(x)] \tag{3.6}$$

则称集合 C 为集合 A 和 B 的交集，记作 $C = A \cap B$。

模糊集合的补集：若集合 $A, B, C \in F(X)$，对 $x \in X$，均有

$$\mu_B(x) = 1 - \mu_B(x) \tag{3.7}$$

则称集合 B 为集合 A 的补集，记作 $B = A^c$ 或 $B = \bar{A}$。

2) 模糊集合的代数运算

设集合 $A, B, C \in F(X)$，则集合 A 和 B 的代数运算如下。

代数积：$A \bullet B \rightarrow \mu_{A \bullet B}(x) = \mu_A(x) \bullet \mu_B(x) \tag{3.8}$

代数和：$A + B \rightarrow \mu_{A+B}(x) = \mu_A(x) + \mu_B(x) - \mu_A(x)\mu_B(x) \tag{3.9}$

有界和：$A \oplus B \rightarrow \mu_{A \oplus B}(x) = [\mu_A(x) + \mu_B(x)] \wedge 1 \tag{3.10}$

有界差：$A \ominus B \rightarrow \mu_{A \ominus B}(x) = [\mu_A(x) - \mu_B(x)] \vee 0 \tag{3.11}$

有界积：$A \otimes B \rightarrow \mu_{A \otimes B}(x) = [\mu_A(x) + \mu_B(x) - 1] \vee 0 \tag{3.12}$

3. 模糊集合与普通集合的关系

在处理实际问题的过程中，若能找到一种实现模糊集合与普通集合互相转换的方法，就可以对某个元素所属的模糊集作出准确的判断，从而真正地理解模糊概念。模糊集合的截集、分解定理能很好地描述模糊集合与普通集合之间的关系[11]。

1) 模糊集合的截集

定义 3.2 设 $A \in F(X), \forall \lambda \in [0,1]$，记

$$A_\lambda = \{x | A(x) \geqslant \lambda\} \tag{3.13}$$

称 A_λ 为 A 的 λ 截集，其中 λ 称为阈值或置信水平。

2) 分解定理

定义 3.3 设 $A \in F(X), \forall \lambda \in [0,1]$，定义 $\lambda A \in F(X)$，其隶属函数为

$$(\lambda A)(x) = \lambda \wedge A(x) \tag{3.14}$$

称 λA 为 λ 与 A 的数积。

定理 3.1(分解定理) 设 $A \in F(X)$，则

$$A = \cup_{\lambda \in [0,1]}(\lambda A_\lambda) \tag{3.15}$$

由模糊集合的定义以及表示方法可以看出，模糊集合完全取决于隶属函数的描述，隶属函数可以称为模糊集合的核心。因此，定义一个模糊集合就等同于定义论域中各个元素对该模糊集合的隶属度。

4. 隶属函数的确定方法

隶属函数的确定大多是靠经验、实践和试验数据，经常使用的方法有以下四种。

1) 模糊统计法

根据已有的模糊概念，提出对应的模糊集合 A，通过统计试验，确定不同元素对于该模糊集合的隶属程度。例如，进行统计性试验 N 次，若有 n 次认为 x_1 次属于模糊集合 A，则把 n 和 N 的比值当作 x_1 对 A 的隶属度，记为 $A(x_1)$。

2) 二元对比排序法

将论域中的元素两两进行对比，按照某种特性进行排序，以此来确定它们隶属函数的大致形状，并将其纳入与此图形相似的常用数学函数中。

3) 专家经验法

根据操作人员和专家的实际经验和主观分析，直接给出元素属于某个集合的隶属度。

4) 神经网络法

将大量要测试的数据输入到某一神经网络中，依靠神经网络的学习功能，自动产生一个隶属函数，接着经过网络的学习和检验，自动地调整隶属函数的一些参数，最终确定下来。

5. 确定隶属函数的原则

定义 3.4　设实数论域中的模糊集合 A 在任意区间 $[x_1, x_2]$ 上，对于所有的实数 $x \in \mathbf{R}$ 都满足

$$\mu_A(x) \geqslant \min[\mu_A(x_1), \mu_A(x_2)] \tag{3.16}$$

则称 A 为凸模糊集合。

隶属函数所表示的模糊集合必须是凸模糊集合。论域中的每个点应该至少属于一个隶属函数的区域，同时它一般至多属于两个隶属函数的区域。变量所取隶属函数通常是对称和平衡的。隶属函数要遵从语意顺序，避免不恰当的重叠。对于一个点，没有两个隶属函数会同时有最大隶属度。当两个隶属函数重叠时，重叠部分任何点的隶属函数之和应该小于等于 1。

3.2.2　模糊关系

客观事物之间通常会存在一定的联系，用来描述这种联系的数学模型称为关系。但是，当两个元素之间没有非常明确的划分时，就需要用模糊关系表述两者之间的关联程度。

定义 3.5　设 X、Y 为论域，$x \in X$，$y \in Y$，所有序偶 (x, y) 称为 X 和 Y 的直积，记为 $X \times Y$，即

$$X \times Y = \{(x, y) | x \in X, y \in Y\} \tag{3.17}$$

也称为笛卡儿乘积。

定义 3.6　设 X、Y 为论域，若 R 是 $X \times Y = \{(x, y) | x \in X, y \in Y\}$ 中的一个子集，即 $R \in F(X \times Y)$，则称 R 是 X 到 Y 的一个二元关系。

定义 3.7　设 X、Y 为论域，一个子集 R 称为集合 X 到 Y 的一个二元关系。若 $R(X, Y)$ 表示直积 $X \times Y$ 上的模糊集合，则 R 为模糊关系，隶属函数为 $\mu_R(x, y)$。

模糊关系是一种特殊的模糊集，它与模糊集一样有交、并、补等运算。设 R_1、R_2 为 X 到 Y 的模糊关系，对于 $y \in Y$ 满足

$$并：(R_1 \cup R_2)(x, y) = R_1(x, y) \vee R_2(x, y) \tag{3.18}$$

$$交：(R_1 \cap R_2)(x, y) = R_1(x, y) \wedge R_2(x, y) \tag{3.19}$$

$$补：R^c(x, y) = 1 - R(x, y) \tag{3.20}$$

模糊关系的合成就是根据集合 1 和集合 2 之间的模糊关系以及集合 2 和集合 3 之间的模糊关系推导集合 1 和集合 3 之间模糊关系的一种运算。

当使用的运算不同时，模糊关系合成的定义也不相同，下面介绍最常用的取大–取小合成法。

定义 3.8 设 $X \times Y$ 中的模糊关系为 R，$Y \times Z$ 中的模糊关系为 S，则 R 和 S 的合成就是 $X \times Z$ 的模糊关系 Q，记作

$$Q = R \circ S \tag{3.21}$$

或

$$\mu_{R \circ S}(x, z) = \vee\{\mu_R(x, y) \wedge \mu_S(y, z)\} \tag{3.22}$$

3.2.3 模糊推理

模糊集合理论和逻辑学的结合能更好地反映人类的思维与决策，并且对事物的客观现象和模糊性描述也更为恰当。模糊推理对于模糊控制来说是一个重要的组成部分，它能够帮助人们给定性的逻辑推理过程建立合适的数学模型。

1. 模糊命题

不同于二值逻辑命题，模糊命题虽然不具有清晰的概念，但它更符合人类的思维方式。模糊命题的真值为 $[0,1]$ 区间中的任意值，该值由命题中的模糊变量对于所给模糊集合的隶属度决定，表示模糊命题真的程度。

模糊命题之间有"与"、"或"、"非"的运算，也就是其对应隶属函数之间的运算。

2. 模糊算子

在自然语言中，有一类称为语言算子的词，这类词用于连接或者修饰词语，构成新的词义。下面介绍三类常用的模糊算子。

1) 否定算子

在自然语言前加上一些具有否定意义的修饰词，如"不"、"非"等，使得构成的新词与原词义相反，新词的隶属函数也就是原隶属函数的补集。

2) 连接词算子

通过"也"、"且"、"或"等连词，可以将多个词语连接成一个新词。当用模糊集合表示时，相当于对原集合做交、并运算。

3) 语气算子

在一些表示程度的自然语言前加上 "很"、"非常"、"比较" 等形容词或副词,可以调整原词义的肯定程度,形成新词。新词和原词的隶属函数具有一定的关联。

定义 3.9　设 $A(x)$ 是论域 X 上的一个模糊子集,$\forall \lambda > 0$,满足

$$H_\lambda A(x) \stackrel{\text{def}}{=} (A(x))^\lambda \tag{3.23}$$

当 $\lambda > 1$ 时,H_λ 为集中化算子;当 $0 < \lambda < 1$ 时,H_λ 为散漫化算子。下面列举几个常用的语气词以及相应的 λ 取值,例如,"极"=4,"很"=2,"相当"=1.25,"较"=0.75,"略"=0.5,"稍微"=0.25。

3. 模糊条件语句

两个模糊命题 $A(a)$ 和 $B(b)$,如果它们之间存在一种模糊依存关系,可表述为 "若 $A(a)$ 则 $B(b)$",那么就称该复合命题为模糊条件命题,也称为模糊条件语句,它是进行模糊控制的基础。条件命题表明 $A(a)$ 与 $B(b)$ 之间有一定的蕴涵关系,常用的模糊蕴涵关系的运算方法如下。

Zadeh 算法:

$$R = (A \times B) \cup (\bar{A} \times E) \tag{3.24}$$

其隶属函数为

$$\mu_R(x,y) = [\mu_A(x) \wedge \mu_B(y)] \vee [1 - \mu_A(x)] \tag{3.25}$$

Mamdani 算法:

$$R = (A \times B) \tag{3.26}$$

其隶属函数为

$$\mu_R(x,y) = \mu_A(x) \wedge \mu_B(y) \tag{3.27}$$

4. 模糊推理

模糊推理是从不精确的前提条件中得出可能不精确的结论的推理过程。构成模糊推理的条件语句称为模糊规则,规则的前提是模糊命题的逻辑组合,规则的结论是表示推理结果的模糊命题,推理过程就是实现规则前件与结论中语言变量隶属函数的合成,即与模糊规则所构成的模糊关系进行合成运算。简单来说,模糊逻辑推理就是以模糊命题为前提,运用模糊推理规则得出新的模糊命题的思维过程。

在模糊控制中,推理方法基本上都使用 Mamdani 推理法。假设 $A \in X$,$B \in Y$,给出模糊关系 $R = A \to B$,需要根据 A^* 算法推导出结论。该方法的一般步骤如下。

先求出 B 对 A 的隶属度 α:

$$\alpha = \vee_{x \in X} \{\mu_{A^*}(x) \wedge \mu_A(x)\} \tag{3.28}$$

再用 α 切割 B 的隶属函数:

$$\mu_{B^*}(y) = \alpha \wedge \mu_B(y) \tag{3.29}$$

3.3 模糊控制器

模糊控制系统的基本结构与传统控制系统相比，主要的差异是用模糊控制器取代了传统控制器。模糊控制系统的基本结构如图 3.1 所示。

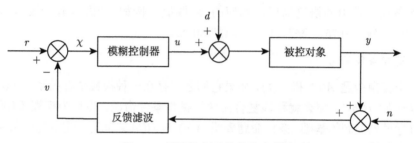

图 3.1　模糊控制系统的基本结构

图 3.1 中，r 表示系统输入量，u 为模糊控制器的输出量，y 为系统的输出量，n 为测量变送仪表的量测噪声，d 为被控对象受到的外部扰动。

模糊控制器是该控制系统的核心组成部分，主要任务是通过模糊规则和近似推理得出结论。模糊控制器的主要工作过程为：先将输入的数字信号 χ 经过模糊化转变为模糊量，再将其输入含有模糊规则的模糊推理机中，经过处理得出结论，最后将得到的模糊集合解模糊化成清晰量 u。模糊控制器的基本组成如图 3.2 所示。

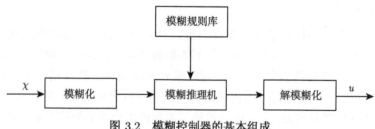

图 3.2　模糊控制器的基本组成

输入模糊控制器的独立变量 χ 也可以看成向量，其分量的个数称为模糊控制器的维数。例如，工业过程控制中常常把偏差和偏差变化率 (error change, EC) 作为模糊控制器的输入。由于这两个变量存在联系且不都是独立变量，所以可以看成 χ 的两个分量，该模糊控制器可定义为二维模糊控制器。图 3.3 为单变量不同维数的模糊控制器的基本结构。

模糊控制器主要由模糊化接口、规则库、推理机、反模糊化接口四部分组成，因此对模糊控制器的设计主要包括如下方面 [13]。

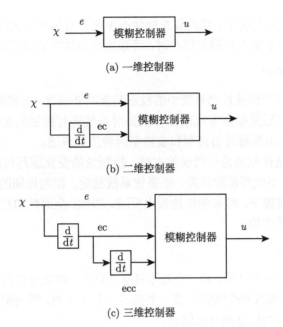

图 3.3　单变量不同维数的模糊控制器的基本结构

1. 确定模糊控制器的输入、输出变量

模糊控制器的输入变量一般取输入变量的偏差 e 和偏差变化率 ec,输出变量一般选择控制量。至于偏差变化率的变化率 ecc 一般不添加,因为三维控制器的运算量较大,且推理时间较长。

2. 模糊化

由图 3.2 可知,模糊控制器先把输入的清晰值 χ 变成模糊量,以方便下一步输入模糊推理机进行推理。χ 的取值范围称为物理论域,模糊化接口的主要任务是把 χ 转变为模糊子集 $X_i(i = 1, 2, \cdots, n)$,其中 $X_i \in F(U)$,U 为模糊论域。

1) 确定模糊子集

人们对同类对象的描述包括 "大 (B)、中 (M)、小 (S)" 或 "负大 (NB)、负中 (NM)、负小 (NS)、零 (ZO 或 Z)、正小 (PS)、正中 (PM)、正大 (PB)" 等不同的等级,涉及的等级越多,对事物的描述就越详细,控制规则也越细致,但制定控制规则会变得非常困难。因此,对于每个语言变量,一般选取 2~10 个语言值 (即模糊子集)。

2) 确定模糊子集的隶属函数

模糊子集隶属函数的表现形式可分为函数形式和离散的量化等级形式。当输入量的论域连续时,一般选取三角形型和高斯型的隶属函数。隶属函数越陡,其控制灵敏度越高，通常情况下，当远离系统状态平衡点且偏差较大时，可用低分辨率隶属函数；当接近平衡点且偏差很小时，可采用高分辨率的隶属函数。

3. 制定模糊规则

模糊规则相当于传统控制系统中的校正装置或补偿器，是模糊控制器的核心。目前，模糊规则主要是根据专家或操作人员对系统进行控制的实际经验和知识来生成的。模糊规则主要通过语言型和表格型两种形式表述。

模糊规则的设计原则为：当误差大时，控制量的变化应尽可能快地使误差减小；当误差小时，不仅要消除误差，还要使系统稳定。控制规则的数量应适当，在满足控制精度的前提下，尽可能快地做出反应。当然，全面性和相容性也是制定控制规则时必须要考虑的。

4. 模糊推理机

推理机有两个基本任务：第一个基本任务为匹配，即确定当前的输入与哪些规则有关 (可以看成激活哪些规则)；第二个基本任务为推理，即利用当前的输入和规则库中所激活规则的信息推导出结论。

5. 反模糊化

反模糊化主要是将模糊推理输出的模糊值，通过某一种方法转化成可以被执行机构采纳的精确值。反模糊化的方法有很多，这里只简述常用的两种方法。

1) 最大隶属度法

最大隶属度法是直接选择输出模糊子集隶属函数峰值在输出论域上所对应的值作为结果。若有多个相邻元素的隶属度为最大，则取平均值。如果有多个元素的隶属度值最大但不相邻，则用平均值法就不合理了，可以采用其他的解模糊化方法。

2) 重心法

重心法也称为面积中心法。该方法相对于其他方法更为合理，且比较流行，其数学表达式为

$$u^* = \frac{\displaystyle\int_u \mu_U(u) u \mathrm{d}u}{\displaystyle\int_u \mu_U(u) \mathrm{d}u} \tag{3.30}$$

6. 量化因子和比例因子的选择

1) 量化因子

量化因子的主要作用是把清晰值从物理论域映射到模糊论域。一般情况下，模糊论域是稳定不变的，但物理论域却是不断变化的。因此，需要一个可以变换的系数去适应设定的模糊论域要求。

定义 3.10　已知 M 维输入变量 x 的某一分量 $x_j(j=1,2,\cdots,M)$ 的物理论域 $X_j = [-x,x](x > 0)$ 对应的模糊论域 $N_j = [-n_j,n_j](n_j > 0)$,那么定义从 X_j 到 N_j 的转换系数 k_j 为量化因子,即

$$k_j = \frac{n_j}{x} \tag{3.31}$$

量化因子 k_j 的大小对模糊控制器的控制性能有较大的影响。k_j 取值较大时,会产生较大的超调值,并且系统的上升速度会加快,调节时间较长,可能会使系统不稳定;取值较小时,系统响应速度变慢,超调量减小。

2) 比例因子

经过清晰化处理后的变量虽然为清晰值,但其取值范围是由模糊推理得到的所有模糊子集确定的,对应这些模糊子集的模糊论域和执行机构需求的物理论域未必一致,所以也要进行论域的变换。

定义 3.11　假设执行机构所要求的控制量物理论域 $U = [-u_{\max},u_{\max}](u_{\max} > 0)$,输出量的模糊论域为 $N = [-n,n](n > 0)$,则定义从 N 到 U 的变换系数 k_u 为比例因子,即

$$k_u = \frac{u_{\max}}{n} \tag{3.32}$$

比例因子 k_u 也会影响控制器的控制效果。在响应上升时,k_u 越大,上升速度越快,超调越大;在系统稳定时,k_u 过大,系统会发生振荡,变得不稳定。

3.4　模糊控制算法的 MATLAB 仿真设计与实现

在 MATLAB 中,有两种方法可以实现模糊控制的仿真设计:基于模糊逻辑工具箱的设计方法和基于 .m 仿真程序的设计方法。下面着重介绍基于模糊逻辑工具箱的设计方法与实现过程,基于 .m 仿真程序的设计方法参考文献 [48] 和文献 [49]。

3.4.1　MATLAB 模糊逻辑工具箱简介

MATLAB 模糊逻辑工具箱是数字计算机环境下的函数集成体,可以利用它所提供的工具在 MATLAB 框架下设计、建立及测试模糊推理系统,结合 Simulink 对模糊控制系统进行模拟仿真,也可以编写独立的 C 语言程序来调用 MATLAB 中所设计的模糊系统。针对模糊推理系统的仿真,MATLAB 模糊逻辑工具箱主要提供了图形用户界面 (GUI) 和命令行函数两种方式,如图 3.4 所示。

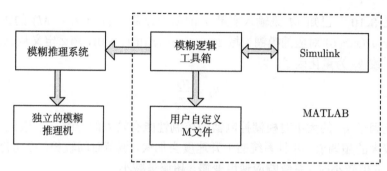

图 3.4　MATLAB 模糊逻辑工具箱实现模糊系统仿真的两种方式

　　命令行函数工具由命令行函数和用户自己编写的函数组成，用该方式建立模糊控制系统，相对于 GUI 工具更为灵活，但工作量大。表 3.1~表 3.3 给出了常用的模糊工具箱函数。

表 3.1　GUI 工具函数

函数名称	说明
andisedit	打开 ANFIS 编辑器 GUI
fuzzy	调用基本 FIS 编辑器
ruleedit	规则编辑器和语法编辑器
mfedit	隶属函数编辑器
surfview	输出曲面观测器
ruleview	规则观测器和模糊推理方框图

表 3.2　隶属函数

函数名称	说明
dsigmf	由两个 Sigmoid 型隶属函数之差组成的隶属函数
gauss2mf	建立双高斯混合隶属函数
gaussmf	建立高斯曲线隶属函数
gbellmf	建立一般钟形隶属函数
pimf	建立 π 形隶属函数
psigmf	通过两个 Sigmoid 型隶属函数的乘积构造隶属函数
smf	建立 S 形隶属函数
Sigmf	建立 Sigmoid 型隶属函数
trapmf	建立梯形隶属函数
trimf	建立三角形隶属函数
zmf	建立 Z 形隶属函数

表 3.3　模糊推理系统数据结构管理

函数名称	说明
addmf	向模糊推理系统的语言变量添加隶属函数
addrule	向模糊推理系统的语言变量添加规则
addvar	向模糊推理系统添加语言变量
defuzz	对隶属函数进行反模糊化
evalfis	完成模糊推理计算
evalmf	通用隶属函数计算
gensurf	生成一个模糊推理系统输出曲面
getfis	获取模糊逻辑系统的属性
mf2mf	两个隶属函数之间的转换参数
newfis	新建一个模糊推理系统
parsrule	解析模糊规则
plotfis	绘制一个模糊推理系统
plotmf	绘制给定语言变量的隶属函数曲线
readfis	从磁盘中装入一个模糊推理系统
rmmf	从模糊推理系统中删除指定语言变量的指定隶属函数
rmvar	从模糊推理系统中删除指定语言变量
setfis	设置模糊逻辑系统的属性
showfis	以分行的形式显示模糊推理系统结构的所有属性
showrule	显示模糊推理系统规则
writefis	保存模糊推理系统到磁盘

　　图形交互工具为模糊控制器的设计提供了一种非常简单、快速的方法, 能够极大地简化设计、建立、仿真和分析模糊控制器的过程。模糊推理系统主要包括模糊推理系统编辑器 (FIS editor)、隶属函数编辑器 (membership function editor)、模糊规则编辑器 (rule editor)、模糊规则观测器 (rule viewer) 和输出曲面观测器 (surface viewer) 五个 GUI 工具。模糊推理系统编辑器、隶属函数编辑器和模糊规则编辑器可以完成 Mamdani 型和 Sugeno 型两类模糊推理系统的结构编辑、模糊子集的隶属函数及其分布的选定、模糊规则的建立等任务, 还可以实现控制效果的仿真观测和设计参数的调试。模糊规则观测器和输出曲面观测器属于只读工具, 主要用于查看效果。下面将详细介绍这五个 GUI 工具。

　　1. 模糊推理系统编辑器

　　模糊推理系统编辑器决定了模糊系统的框架、主体结构等总体设计, 它可以设计、编辑、修改整个系统的架构, 增减系统输入、输出变量的个数, 调整系统维数。通过该界面可以分别设计 Mamdani 型和 Sugeno 型模糊推理系统。由图 3.5 和图 3.6 可知, 两者在界面上的主要差异在于模糊逻辑区和输出量框架。Sugeno 型显示的输出量不是模糊子集而是函数 $f(u)$。在模糊逻辑区的 "Implication"(蕴涵) 和 "Aggregation"(综合) 两项, Sugeno 型不允许在这两个编辑框内输入内容, 因为它的输出结果是函数而不是模糊量。

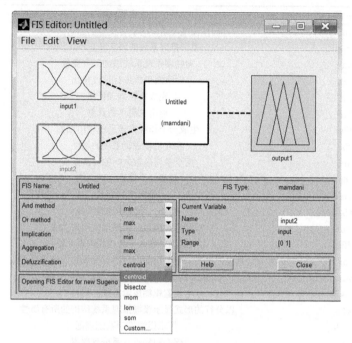

图 3.5　Mamdani 型模糊推理系统编辑器的界面

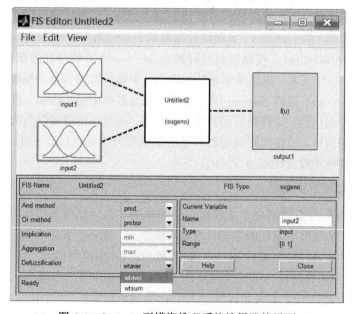

图 3.6　Sugeno 型模糊推理系统编辑器的界面

2. 隶属函数编辑器

隶属函数编辑器提供了对输入、输出语言变量各语言值的隶属函数类型、参数进行编辑和修改的图形界面工具。隶属函数编辑器的界面如图 3.7 所示，界面窗口的上半部分为隶属函数的图形显示，下半部分为隶属函数的参数设定，包括名称、类型和参数等内容。通过该界面，还可以增加或减少模糊子集的个数。

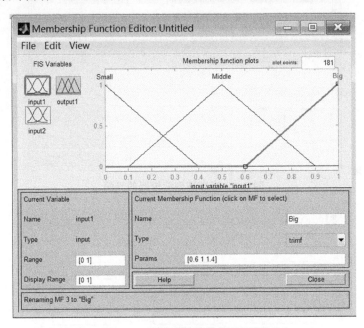

图 3.7　隶属函数编辑器的界面

3. 模糊规则编辑器

在完成模糊系统的结构、模糊推理的类型和输入变量的模糊化编辑之后，就可以使用模糊规则编辑器进行模糊规则的编写。模糊规则编辑器的界面如图 3.8 所示，在此界面中可以添加、删除或修改模糊规则。

4. 模糊规则观测器

模糊规则观测器的界面显示了模糊推理的过程，每一行的图形表示规则前件和规则后件，每一列表示一个变量，如图 3.9 所示。

输入变量图框中的竖线可以左右移动，表示输入量的改变，当释放此线或者手动输入输入量时，系统会重新进行推理计算，显示输出后件隶属函数的变化。在输出变量图框的最下方图框中显示了每条规则输出的合成结果，且进行了解模糊化处理。

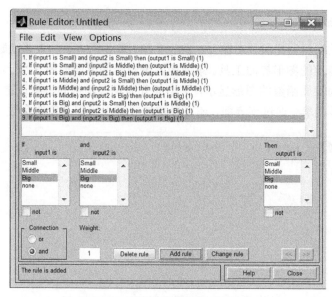

图 3.8　模糊规则编辑器的界面

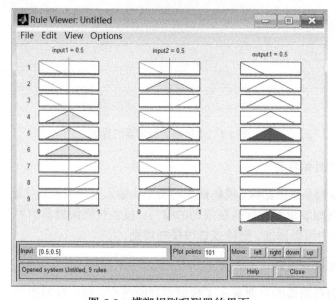

图 3.9　模糊规则观测器的界面

5. 输出曲面观测器

　　规则观测窗中看到的是"平面的"结果,而在 GUI 提供的输出量曲面观测窗中呈现的是"立体的"效果,它用一个"空间"曲面把整个论域上输出量与输入量间的函数关系显示出来。图 3.10 为双输入–单输出控制器的输出曲面。

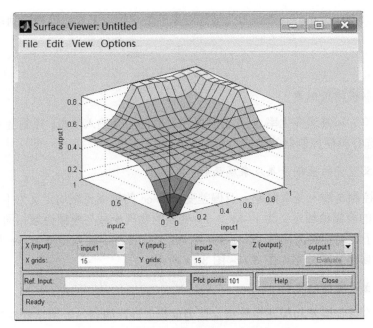

图 3.10 双输入–单输出控制器的输出曲面

3.4.2 模糊控制算法的仿真程序设计与实现

与传统的自动控制相比,模糊控制不但能实现基本的控制,还能仿照人的思维方式去控制一些无法建立数学模型的被控过程。模糊控制与传统的自动控制之间的不同点在于模糊控制采用的控制方法包含了模糊数学与模糊逻辑推理理论,但它所完成的工作还是确定性的。为了进一步了解模糊控制系统的仿真实现过程,下面通过具体的实例来进行相关的介绍。模糊控制算法的仿真程序设计与实现过程如图 3.11 所示。

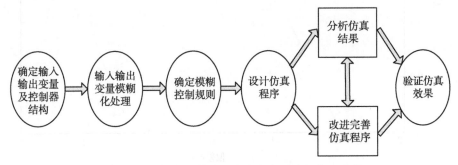

图 3.11 模糊控制算法的仿真程序设计与实现过程

以式 (3.33) 所示的传递函数为被控对象的数学模型来设计模糊控制系统:

$$G_\mathrm{p}(s) = \frac{1}{60s+1}\mathrm{e}^{-80s} \tag{3.33}$$

1. 选取模糊控制器

把偏差 e 和偏差变化率 ec 作为模糊控制器的两个输入变量, 控制量 u 作为输出变量, 选择模糊控制器的结构为双输入–单输出形式。

2. 定义变量的模糊子集及隶属函数

模糊控制器输入变量偏差 e 及偏差变化率 ec 的模糊论域均定义为 $[-3,3]$, 输出变量 u 的模糊论域定义为 $[-4.5,4.5]$, 变量的物理论域与模糊论域相同, 三个变量的模糊子集均定义为{NB, NM, NS, Z, PS, PM, PB}。输入变量 e、ec 和输出变量 u 的隶属函数图分别如图 3.12~图 3.14 所示。

3. 建立模糊控制规则

以消除系统误差和保证系统稳定性为前提, 设计如表 3.4 所示的模糊控制规则, 共有 49 条。

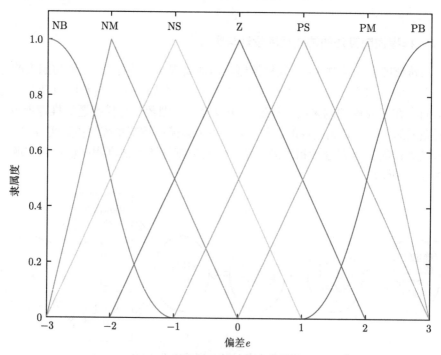

图 3.12 输入变量 e 的隶属函数图

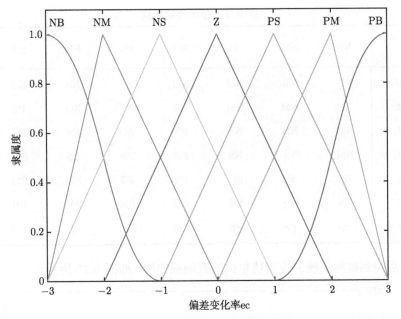

图 3.13　输入变量 ec 的隶属函数图

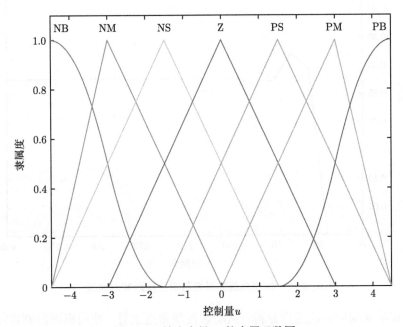

图 3.14　输出变量 u 的隶属函数图

表 3.4 模糊控制规则

ec \ u,e	NB	NM	NS	ZO	PS	PM	PB
NB	NB	NB	NM	NM	NS	NS	ZO
NM	NB	NM	NM	NS	NS	ZO	PS
NS	NM	NB	NS	NS	ZO	PS	PS
ZO	NM	NS	NS	ZO	PS	PS	PM
PS	NS	NS	ZO	PS	PS	PM	PM
PM	NS	ZO	PS	PM	PM	PM	PB
PB	ZO	PS	PS	PM	PM	PB	PB

最后得到模糊系统的设定值单位阶跃响应曲线，如图 3.15 所示。

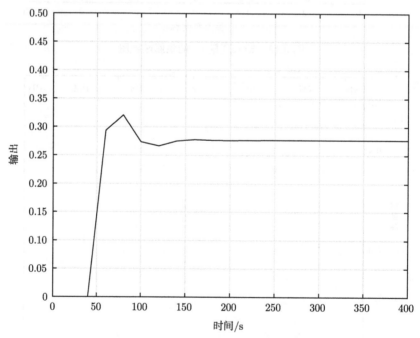

图 3.15 模糊系统的设定值单位阶跃响应曲线

对该阶跃响应曲线进行分析：从动态性能角度上看，使用模糊控制器能够快速达到稳定状态，并且具有较小的超调和较短的调节时间，动态性能良好；从静态性能角度上看，单独使用模糊控制器会造成很大的稳态误差，产生稳态精度低的问题。

由于基本的模糊控制器缺少积分环节，它的稳态控制精度较差，控制欠细致，很难达到较高的控制精度。为了使控制效果更加完美，下面将在原有的结构基础上再引入一个积分环节，实现控制系统的改进。

改进后的系统设定值单位阶跃响应曲线如图 3.16 所示。

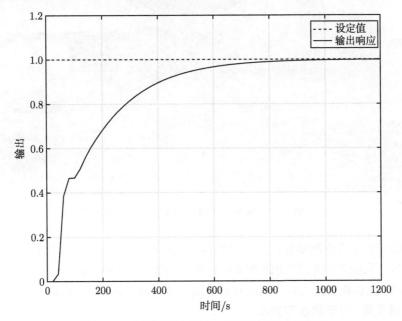

图 3.16　改进后的系统设定值单位阶跃响应曲线

由改进后的系统阶跃响应曲线可知，加入积分环节后，系统的稳态性能得到了明显的改善，整体上表现出良好的控制效果。

为进行模糊控制仿真系统的设计，给出了运用 .m 程序函数来设计模糊控制系统的具体过程。由研究的结果可以看出，单独使用基本的模糊控制器来设计系统，虽然会有很好的动态特性，但在稳态精度方面无法达到要求。为了进一步优化系统的性能，可采用在系统原有结构基础上加入积分控制的方式，实现模糊系统良好的控制效果。

3.5　基于基金会现场总线的模糊 PID 控制试验验证

串级控制系统的控制回路中通过实时通信网络来传输反馈信息和控制指令，就形成了网络化串级控制系统。为将模糊 PID 控制策略应用于网络化串级控制系统的实际应用中，本节设计了一套基于基金会现场总线的网络化串级控制系统试验平台，如图 3.17 所示 [50]。

图 3.17　网络化串级控制系统试验平台

　　试验平台上方中间是被控对象工艺模型，完全模拟工业现场实际控制过程，所用的管道、手动调节阀、气动调节阀和电动调节阀都与工业实际应用中使用的几乎完全相同。在试验平台上方中间左右对称地安装有两个储水罐，它们的两侧是一些管道和调节阀，用于供水和放水。

　　试验平台下方正中间的一块不锈钢底板上对称地放着两个水箱，它们之间用活节连接在一起，用来给整个系统供水。这两个水箱中的水分别是由对称安装在试验平台底部左右两侧的两个给水泵送出的，最终分别送到试验平台上方的两个储水罐中，如图 3.18 所示。

　　1#储水罐的左侧有一个加热器 JY，用来为 1#储水罐中的水加热。

　　2#储水罐的右侧三个不同高度处分别安装有三个截止阀 (分别是 6#截止阀、7#截止阀和 8#截止阀)，它的顶部还安装了 5#截止阀，这四个截止阀流出的水汇聚在一起从 2#储水罐的右侧经 11#截止阀流入 2#水箱中。这四个截止阀可用来粗略估计 2#储水罐中的液位，也可以将 2#储水罐中的液位控制在一定的范围内。若关闭 8#截止阀，打开 7#截止阀，则 2#储水罐中的水位不会超过 7#截止阀所处的高度；若关闭 7#截止阀和 8#截止阀，打开 6#截止阀，则 2#储水罐中的液位不会超过 6#截止阀所处的高度；若关闭 6#截止阀、7#截止阀和 8#截止阀，打开 5#截止阀，则当 2#储水罐的进水量远大于它的放水量时，经过一段时间后，水充满了 2#储水罐，2#储水罐中的水在压力的作用下从 2#储水罐的顶部经 5#截止阀流出再由 11#截止阀流入 2#水箱中。

1#储水罐的底部有 9#截止阀，2#储水罐的下方有 10#截止阀，这两个储水罐中的水可以分别经过这两个截止阀排出，排出的水又汇聚在一起，与 5#截止阀、6#截止阀、7#截止阀、8#截止阀中流出的水汇聚，再经过 11#截止阀流入 2#水箱中。

由于一个水箱的容积不够大，不能满足两个储水罐的供水需要，往往不能取得较好的试验效果，所以将两个相同的水箱用一个活节连接在一起，将这两个水箱当作一个容积比较大的容器给系统供水使用。由于 1#水箱和 2#水箱构成了一个连通器，所以它们的液位一样高。

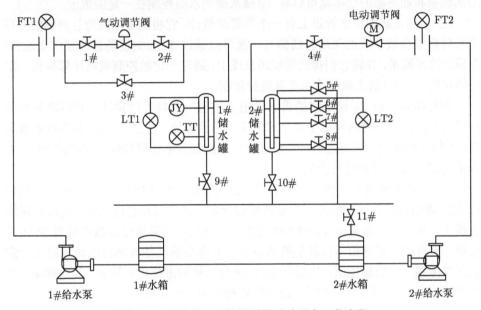

图 3.18 网络化串级控制系统试验平台工艺流程

这样，在本试验平台的被控工艺对象中形成了一个水循环系统，循环过程如下：1#水箱、2#水箱中的水分别自 1#给水泵、2#给水泵引出，通过气动调节阀、电动调节阀供给 1#储水罐、2#储水罐。当 2#储水罐中的水足够多，且液位足够高时，2#储水罐中的水可由 2#储水罐顶部的 5#截止阀溢出。而当 2#储水罐中的液位在不同的高度时，分别打开 6#截止阀、7#截止阀、8#截止阀，2#储水罐中的水就可分别通过这三个截止阀流出返回 2#水箱中。此外，1#储水罐和 2#储水罐中的水又都可分别从两个储水罐底部的截止阀——9#截止阀、10#截止阀流出，2#储水罐中的水也可以从 2#储水罐顶部的 5#截止阀和 2#储水罐右侧不同高度处的三个截止阀——6#截止阀、7#截止阀、8#截止阀流出，这五个截止阀——5#截止阀、6#截止阀、7#截止阀、8#截止阀、10#截止阀流出的水流汇聚在一起，再经由

11#截止阀流回 2#储水罐，由于 2#储水罐与 1#储水罐通过活节连接在一起，所以流回来的水也就通过 2#水箱流回了 1#水箱，而后 1#水箱、2#水箱中的水又经过 1#给水泵、2#给水泵引出，给两个储水罐供水，从而在整个系统中形成了一个闭式循环水系统，如此循环往复。

此外，考虑到加热器加热后会使系统中的水温不断升高，从而会导致温度难以控制在期望的设定值附近。因此，将本系统设计为开式循环水系统，从自来水管引入温度较低的自来水送入 1#水箱，通过 11#截止阀将循环后的水引出试验平台送入下水道。系统的水循环设置为开式循环水方式后，只要适当地控制 1#储水罐的给水流量和加热器的功率就可以将 1#储水罐的水温控制在一定的数值。

在 1#储水罐的供水管道上有一个弯管流量计，它将测量到的弯管两侧的差压信号转换成全数字式的现场总线信号，就可以通过 LD302(现场总线差压变送器) 测量出给水流量，并将它们传送到现场总线上，通过一定的控制策略计算得到一定的输出值，对 1#储水罐的给水流量进行控制。

相对称地，在 2#储水罐的供水管道上也有一个弯管流量计，它将测量到的弯管两侧的差压信号转换成全数字式的现场总线信号，通过 LD302 测量出给水流量，并将它们传送到现场总线上，通过一定的控制策略计算得到一定的输出值，对 2#储水罐的给水流量进行控制。

在 1#储水罐的左下侧有一个引管，该铜管连接到 LD302 上，它将接收到的 1#储水罐的顶部和底部的差压信号转换成全数字式的现场总线信号，传送到现场总线上，从而可以测量出 1#储水罐的液位。现场总线差压变送器内置有 PID 功能块，它将测量到的信号以及从现场总线上共享到的其他现场总线信号经过一定的运算得到一定的输出值，从而可以对 1#储水罐的液位进行控制。相对称地，在 2#储水罐的右下侧有一个引管，该引管连接到另一台 LD302。

在 1#储水罐的左下侧安装有一个热电阻 Pt100，它将测量到的温度信号转换为电阻信号，并传送到安装在试验平台左侧支架上的 TT302(现场总线温度变送器)；TT302 将接收到的电阻信号转换为现场总线信号，并传送到现场总线上。经过一定的组态，就可以精确、有效地控制 1#储水罐中的水温，使 1#储水罐中的水温稳定在期望的温度设定值上。

本试验平台的控制系统是基于基金会现场总线设备构成的现场总线控制系统，系统配置如图 3.19 所示。

在本套现场总线试验系统中，有两条现场总线 Fieldbus 1#和 Fieldbus 2#。其中，Fieldbus 1#上挂着 DC302(基金会现场总线远程 I/O) 和 DFI302(基金会现场总线通用网桥)；Fieldbus 2#上挂着七台现场总线设备，包括四台 LD302、一台 TT302、一台 FI302 和一个基金会现场总线电动调节阀 (foundation fieldbus electrical regulating valve, FFEV)。

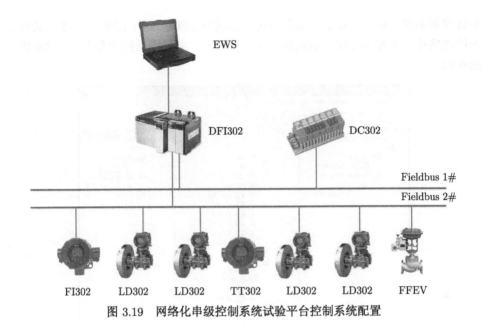

图 3.19 网络化串级控制系统试验平台控制系统配置

现场总线试验系统的硬件组态是通过 Syscon 组态软件实现的，如图 3.20 所示。

试验平台两侧支架上设计安装有 Smar 公司的基金会现场总线设备，左右两侧各配置安装了三台现场设备，包括四台 LD302(现场总线差压变送器，用于测量储水罐的给水流量或液位)、一台 TT302(现场总线温度变送器，将安装在 1#储水罐底部的热电阻 Pt100 测出的水温信号转换为现场总线信号) 和一台 FI302(现场总线到电流转换器，有三路 4~20mA 输出，分别用于给调功模块、气动调节阀、1#变频器发送指令)。它们都挂在同一条现场总线上，用来采集现场的测量信号，并通过一定的运算输出控制信号，对现场设备进行控制，并将信号传送到现场总线上，供挂在现场总线上的其他设备共享。

试验平台右侧是现场总线控制仪表面板，正面包括两台变频器 (1#和 2#，分别用来控制 1#给水泵和 2#给水泵的转速，并控制 1#储水罐和 2#储水罐的给水流量) 、一个 DFI302(基金会现场总线通用网桥) 和一个 DC302。背面上方有六个双极空气开关，分别是 220V 交流电源总开关、加热器电源开关、DFI302 的两路 24V 直流电源开关、两个变频器电源开关。背面下方有一个端子排和两个集线器，它们之间按一定的接线方式连接有电源线或信号线，用来对被控对象进行控制。

在本套基于基金会现场总线的网络化串级控制系统试验平台中，根据被控参数的不同，可以组态实现的控制系统包括网络化液位串级控制系统和网络化温度串级控制系统。本节主要基于基金会现场总线组态实现了对 1#储水罐水温进行控制的网络化串级控制系统，副回路采用流量调节，主回路被控参数是 1#储水罐中的水温。

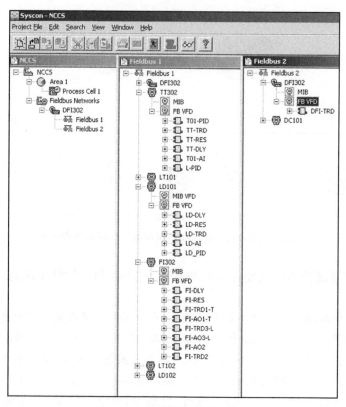

图 3.20　试验平台硬件组态图

1#储水罐水温的网络化串级控制系统如图 3.21 所示。图中，1#储水罐水温的网络化串级控制系统中，被控变量是 1#储水罐的水温，副变量是 1#储水罐的进水流量，主要是通过调节气动调节阀的开度来实现的。TT302(现场总线温度变送器)中配置有主控制器 PID 功能块和主变量 AI 功能块，LD302(现场总线差压变送器)中配置有副控制器 PID 功能块和副变量 AI 功能块，FI302(现场总线到电流转换器) 中配置有三个 AO 功能块，它有三路控制输出，分别用于向气动调节阀、1#变频器和调压模块发送指令。气动调节阀根据所接收到的 4~20mA 模拟信号指令调节阀门开度以控制 1#储水罐的进水流量，1#变频器根据所接收到的 4~20mA 模拟信号指令调节变频器转速也可控制 1#储水罐的进水流量，调压模块根据所接收到的 4~20mA 模拟信号指令调节加热器上施加的电压进而调节其功率。

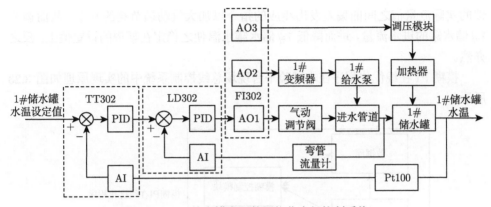

图 3.21　1#储水罐水温的网络化串级控制系统

基于 Syscon 实现的网络化温度串级系统控制策略组态如图 3.22 所示。

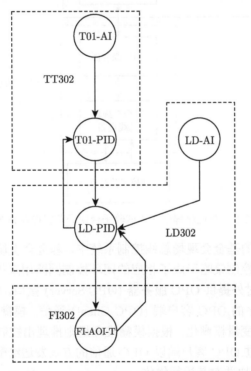

图 3.22　基于 Syscon 实现的网络化温度串级系统控制策略组态

安装在 1#储水罐左侧的热电阻 Pt100 测量出 1#储水罐的水温, 经过 TT302(现场总线温度变送器) 转换为现场总线信号, 与预先设定的水温给定值比较。若检测到的温度偏高, 则副回路中的副控制器根据检测到的流量设定值与弯管流量计反馈的实际流量值之间的偏差发出相应的指令以加大气动调节阀的开度,从而调节 1#储水罐的进水流量,进而降低 1#储水罐水温使之稳定在期望的设定值上;反之亦然。

模糊 PI 在线优化程序在本试验平台现场总线控制系统中的实现原理如图 3.23 所示。

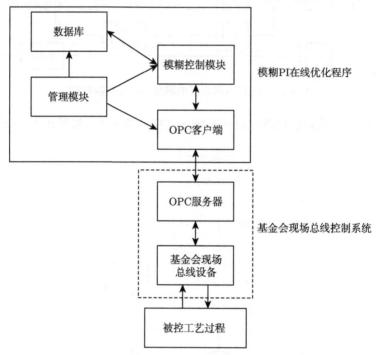

图 3.23   模糊 PI 在线优化程序在本试验平台现场总线控制系统中的实现原理

在本试验平台的基金会现场总线控制系统中,基金会现场总线设备通过在工程师站组态一定的控制策略形成了相应的闭环控制回路用来控制该试验平台的被控工艺过程,同时对外提供 OPC 服务器 (OPC Server) 接口,它以 OPC 方式与模糊 PI 在线优化程序的 OPC 客户端 (OPC Client) 通信。模糊控制模块将从 OPC 客户端获得的输入变量模糊化,根据模糊推理规则推理出控制输出并将模糊控制输出解模糊化,通过 OPC 客户端以 OPC 通信的方式发送给配置在现场设备中的主控制器 PID 功能块并对其进行优化。

本章所设计的模糊 PI 在线优化程序可以根据 1#储水罐水温测量值与其设定值之间的偏差 e 及其变化率 ec 在线实时地调整主控制器的比例增益 K_p 和积分系数 K_i 的值,进而使 1#储水罐的水温稳定在设定值附近并具有良好的控制性能。

在本模糊 PI 在线优化程序中, 有两个输入分别为 1#储水罐水温测量值与其设定值之间的偏差 e 及其变化率 ec, 两个输出分别为主控制器的比例增益增量 ΔK_p 和积分系数 ΔK_i 的值。为便于实现和调试, 这四个语言变量的取值均为五段式的, 分别为 "负大 (NB)"、"负小 (NS)"、"零 (ZO)"、"正小 (PS)"、"正大 (PB)", 输入输出变量的隶属函数均取为三角形隶属函数, 如图 3.24 所示。

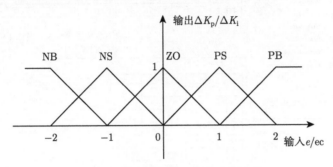

图 3.24　模糊控制输入输出隶属函数

输入、输出语言变量的论域分别为归一化后的 $[-5, 5]$ 和 $[-1, 1]$, 解模糊方法采用常用的重心法。模糊控制规则如表 3.5 所示。

表 3.5　模糊自整定 PI 控制规则

e \\ ec	NB	NS	ZO	PS	PB
NB	PB/PB	PB/PB	PB/PB	PS/PS	ZO/ZO
NS	PB/PB	PB/PB	PS/NS	ZO/ZO	NS/PS
ZO	PB/PB	PS/NS	ZO/ZO	NS/NS	NB/NB
PS	PS/NS	ZO/ZO	NS/NS	NB/NB	NB/NB
PB	ZO/ZO	NS/NS	NB/NB	NM/PM	NM/PM

例如, 当输入 e 和 ec 分别为 "零 (ZO)"、"负小 (NS)" 时, 输出主控制器的比例增益增量 ΔK_p、积分系数 ΔK_i 将分别对应地为 "正小 (PS)"、"负小 (NS)"。

本套试验平台通电供水后, 就可以采用本章所提出的控制策略实现对 1#储水罐的网络化温度串级控制。设计的模糊 PI 在线优化程序界面如图 3.25 所示。

在图 3.25 所示的模糊 PI 在线优化程序界面中, 分别单击 K_p 和 K_i 右方的 "On" 和 "Off" 按钮, 即可将主控制器 PI 相应的参数调节切换为模糊 PI 调节或常规 PI 调节控制方式。一旦投入模糊 PI 在线自动调节方式, 该程序就可以根据输入变量自动激活相应的模糊控制规则, 在线自动调整 PI 控制器的参数。

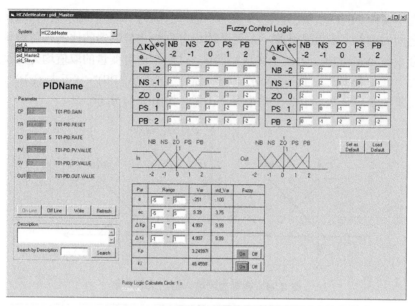

图 3.25　模糊 PI 在线优化程序界面

实际调试时的界面如图 3.26 所示。

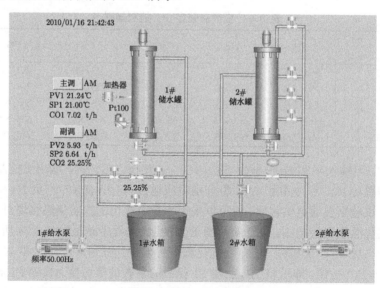

图 3.26　网络化串级控制系统试验平台界面

　　由 3.5 节控制逻辑组态可知，实现主控制器 C1 功能的 PID 功能块配置在 TT302 中，而实现副控制器 C2 功能的 PID 功能块配置在 LD302 中，通信调度产生的网络诱导延时导致副控制器接收到的设定值滞后于主控制器的控制输出，这在实际调试时很容易观察到。

经反复调试，试验结果表明主控制器采用本章所提出的模糊 PI 在线优化策略后，在本试验平台上实现的网络化温度串级控制系统具有良好的跟踪能力和抑制扰动能力。

3.6 本章小结

本章首先介绍了模糊控制的发展历史，然后从模糊控制的数学基础概念入手，介绍了模糊集合和隶属函数的概念，阐述了模糊控制器设计的基本内容及其实现方法，着重从模糊控制工具箱和程序设计两个角度分别阐述了模糊控制器的设计方法，最后介绍了基于基金会现场总线的网络化串级控制系统试验平台。

模糊控制和专家系统都是模拟人类大脑的外部行为特征，分别基于模糊规则和确定的规则进行推理的，第 4 章将从模拟人脑内部构造的角度出发着重介绍人工神经网络。

参 考 文 献

[1] Wiener N. Cybernetics: Or Control and Communication in the Animal and the Machine[M]. Massachusetts: MIT Press, 1948.

[2] 诺伯特·维纳. 控制论: 或关于在动物和机器中控制和通信的科学[M]. 郝季仁, 译. 北京: 北京大学出版社, 2007.

[3] Harris C J. Fuzzy control & fuzzy systems: W. Pedrycz[J]. Automatica, 1992, 28(2):443.

[4] Precup R E, Hellendoorn H. A survey on industrial applications of fuzzy control[J]. Computers in Industry, 2011, 62(3):213-226.

[5] Kar S, Das S, Ghosh P K. Applications of neuro fuzzy systems: A brief review and future outline[J]. Applied Soft Computing, 2014, 15:243-259.

[6] 赵利云. 模糊概念外延的逼近及多体系统的控制[M]. 北京: 国防工业出版社, 2016.

[7] Hassan S, Khanesar M A, Kayacan E, et al. Optimal design of adaptive type-2 neuro-fuzzy systems: A review[J]. Applied Soft Computing, 2016, 44:134-143.

[8] 黄卫华, 方康玲. 模糊控制系统及应用[M]. 北京: 电子工业出版社, 2012.

[9] 诸静. 模糊控制理论与系统原理[M]. 北京: 机械工业出版社, 2005.

[10] 王志新. 智能模糊控制的若干问题研究[M]. 北京: 知识产权出版社, 2009.

[11] 刘曙光, 魏俊民, 竺志超. 模糊控制技术[M]. 北京: 中国纺织出版社, 2001.

[12] 党建武, 赵庶旭, 王阳萍. 模糊控制技术[M]. 北京: 中国铁道出版社, 2007.

[13] 席爱民. 模糊控制技术[M]. 西安: 西安电子科技大学出版社, 2008.

[14] Zadeh L A. Fuzzy sets[J]. Information and Control, 1965, 8(3):338-353.

[15] Zadeh L A. Fuzzy algorithms[J]. Information and Control, 1968, 12(2):94-102.

[16] 张化光. 模糊双曲正切模型——建模·控制·应用[M]. 北京: 科学出版社, 2009.

[17] 王迎春, 杨珺, 杨东升. 复杂非线性系统的模糊控制[M]. 北京: 科学出版社, 2009.

[18] 张宪霞. 融合空间信息的三域模糊控制器[M]. 北京: 电子工业出版社, 2017.

[19] Mahmoud M S, Almutairi N B. Feedback fuzzy control for quantized networked systems with random delays[J]. Applied Mathematics and Computation, 2016, 290:80-97.

[20] 宋晓娜, 付主木, 李泽. 分数阶及模糊系统的稳定性分析与控制[M]. 北京: 科学出版社, 2015.

[21] Hsiao F H. Robust H_∞ fuzzy control of dithered chaotic systems[J]. Neurocomputing, 2013, 99:509-520.

[22] Wang Y C, Wang R, Xie X P, et al. Observer-based H_∞ fuzzy control for modified repetitive control systems[J]. Neurocomputing, 2018, 286:141-149.

[23] Wang F, Liu Z, Zhang Y, et al. Adaptive quantized fuzzy control of stochastic nonlinear systems with actuator dead-zone[J]. Information Sciences, 2016, 370-371:385-401.

[24] Feng S, Wu H N. Robust adaptive fuzzy control for a class of nonlinear coupled ODE–beam systems with boundary uncertainty[J]. Fuzzy Sets and Systems, 2018, 344:27-50.

[25] Mendes N, Neto P. Indirect adaptive fuzzy control for industrial robots: A solution for contact applications[J]. Expert Systems with Applications, 2015, 42(22):8929-8935.

[26] Liu H, Li S G, Wang H X, et al. Adaptive fuzzy control for a class of unknown fractional-order neural networks subject to input nonlinearities and dead-zones[J]. Information Sciences, 2018, 454-455:30-45.

[27] 范永青. 非线性系统分析——扩展模糊自适应控制器设计[M]. 北京: 科学出版社, 2018.

[28] 米阳, 韩云昊. 复杂系统的模糊变结构控制及其应用[M]. 北京: 冶金工业出版社, 2008.

[29] 杨红. 切换模糊系统的稳定性与鲁棒控制理论[M]. 沈阳: 东北大学出版社, 2012.

[30] 苏亚坤, 王焕清, 腾明岩. 基于 T-S 模糊模型的非线性系统的控制与滤波设计[M]. 沈阳: 辽宁科学技术出版社, 2014.

[31] Honda H, Kobayashi T. Fuzzy control of bioprocess[J]. Journal of Bioscience and Bioengineering, 2000, 89(5):401-408.

[32] Márquez-Vera M A, Ramos-Velasco L E, Balderrama-Hernández B D. Stable fuzzy control and observer via LMIs in a fermentation process[J]. Journal of Computational Science, 2018, 27:192-198.

[33] Vasičkaninová A, Bakošová M, Mészáros A. Fuzzy control of a distillation column[J]. Computer Aided Chemical Engineering, 2016, 38:1299-1304.

[34] Su X J, Xia F Q, Liu J X, et al. Event-triggered fuzzy control of nonlinear systems with its application to inverted pendulum systems[J]. Automatica, 2018, 94:236-248.

[35] Mao X, Zhang H B, Wang Y H. Flocking of quad-rotor UAVs with fuzzy control[J]. ISA Transactions, 2018, 74:185-193.

[36] Wu H N, Wang Z P, Guo L. H_∞ sampled-data fuzzy control for attitude tracking of mars entry vehicles with control constraints[J]. Information Sciences, 2019, 475:182-201.

[37] Zhao Z H, Yu J P, Zhao L, et al. Adaptive fuzzy control for induction motors stochastic nonlinear systems with input saturation based on command filtering[J]. Information Sciences, 2018, 463-464:186-195.

[38] Shi W X, Li B Q. Adaptive fuzzy control for feedback linearizable MIMO nonlinear systems with prescribed performance[J]. Fuzzy Sets and Systems, 2018, 344:70-89.

[39] Hou G L, Du H, Yang Y, et al. Coordinated control system modelling of ultra-supercritical unit based on a new T-S fuzzy structure[J]. ISA Transactions, 2018, 74:120-133.

[40] Liu M, Dong Z. Multiobjective robust H_2/H_∞ fuzzy tracking control for thermal system of power plant[J]. Journal of Process Control, 2018, 70:47-64.

[41] Mahmoud M S, Alyazidi N M, Abouheaf M I. Adaptive intelligent techniques for micro-grid control systems: A survey[J]. International Journal of Electrical Power & Energy Systems, 2017, 90:292-305.

[42] Capizzi G, Tina G. Long-term operation optimization of integrated generation systems by fuzzy logic-based management[J]. Energy, 2007, 32(7):1047-1054.

[43] Nabipour M, Razaz M, Seifossadat S G, et al. A new MPPT scheme based on a novel fuzzy approach[J]. Renewable and Sustainable Energy Reviews, 2017, 74:1147-1169.

[44] Yilmaz U, Kircay A, Borekci S. PV system fuzzy logic MPPT method and PI control as a charge controller[J]. Renewable and Sustainable Energy Reviews, 2018, 81(1):994-1001.

[45] Petković D, Ćjbašič Ž, Nikolié V. Adaptive neuro-fuzzy approach for wind turbine power coefficient estimation[J]. Renewable and Sustainable Energy Reviews, 2013, 28:191-195.

[46] Abadlia I, Bahi T, Bouzeria H. Energy management strategy based on fuzzy logic for compound RES/ESS used in stand-alone application[J]. International Journal of Hydrogen Energy, 2016, 41(38):16705-16717.

[47] Benchouia M T, Ghadbane I, Golea A, et al. Implementation of adaptive fuzzy logic and PI controllers to regulate the DC bus voltage of shunt active power filter[J]. Applied Soft Computing, 2015, 28:125-131.

[48] 石辛民，郝整清. 模糊控制及其 MATLAB 仿真[M]. 2 版. 北京：清华大学出版社，2018.

[49] 李国勇，杨丽娟. 神经·模糊·预测控制及其 MATLAB 实现[M]. 3 版. 北京：电子工业出版社，2013.

[50] 黄从智. 网络化串级控制系统的建模、分析与控制[D]. 北京：华北电力大学，2010.

第 4 章 神 经 网 络

模糊控制从人的经验出发解决了智能控制中人类语言的描述和推理问题，尤其是一些不确定性语言的描述和推理问题，从而在机器模拟人脑的感知、推理等智能行为方面迈出了重大的一步 [1]。模糊控制在处理数值数据、自学习能力等方面还远没有达到人脑的境界。人工神经网络 (artificial neural network, ANN) 从另一个角度出发，即从人脑的生理学和心理学着手，通过人工模拟人脑的工作机理来实现机器的部分智能行为 [2]。

人工神经网络简称神经网络 (neural network, NN)，是模拟人脑思维方式的数学模型。神经网络是在现代生物学研究人脑组织成果的基础上提出的，用来模拟人类大脑神经网络的结构和行为。神经网络反映了人脑功能的基本特征，如并行信息处理、学习、联想、模式分类和记忆等 [3,4]。感知器作为最简单的人工神经网络，可以实现最简单的神经网络的功能，它的诞生为人工神经网络的发展奠定了坚实的基础 [5-15]。

20 世纪 80 年代以来，人工神经网络的研究取得了突破性的进展。神经网络控制是将神经网络与控制理论相结合而发展起来的智能控制方法。它已成为智能控制的一个新分支，为解决复杂的非线性、不确定、未知系统的控制问题开辟了新途径 [16-20]。

4.1 神经网络的发展历史

神经网络的发展历史归结为如下四个发展阶段。

1. 启蒙期 (1890~1969 年)

1890 年，James 发表专著《心理学》，讨论了脑的结构和功能 [1]。1943 年，美国心理学家 McCulloch 和数学家 Pitts 提出了 MP 模型来描述脑神经细胞动作 [4]。1949 年，研究者实现了对脑细胞之间相互影响的数学描述，从心理学的角度提出了至今仍对神经网络理论有重要影响的 Hebb 学习规则 [21]。1958 年，有研究者提出感知器模型，它是描述信息在人脑中存储和记忆的数学模型 [7]。1962 年，研究者提出了自适应线性神经网络，即 Adaline 网络，并提出了 δ 学习规则 [22,23]。

2. 低潮期 (1969~1982 年)

受当时神经网络理论研究水平的限制及冯·诺依曼计算机发展的冲击等因素的影响，神经网络的研究陷入低谷。在美国、日本等国家仍有少数学者继续从事神经网络模型和学习算法的研究，提出了许多有意义的理论和方法。例如，至今为止最复杂的自适应谐振理论 (adaptive resonance theory, ART) 网络可以对任意复杂的二维模式进行自组织、自稳定和大规模并行处理 [24]。1972 年，芬兰赫尔辛基大学的 Kohonen 教授提出了一种自组织特征映射 (self-organizing feature map, SOM) 网络，又称 Kohonen 网络 [25]。Kohonen 网络中，一个神经网络在接收外界输入模式时，将会分为不同的对应区域，各区域对输入模式有不同的响应特征，而这个过程是自动完成的，其特点与人脑的自组织特性相类似 [26-28].

3. 复兴期 (1982~1986 年)

1982 年，物理学家 Hopfield 提出了 Hopfield 神经网络模型，该模型通过引入能量函数，实现了问题优化求解 [29]；1984 年他用此模型成功地解决了旅行商路径优化问题 (traveling salesman problem, TSP)[30]。Hopfield 神经网络相关的最新研究成果参见文献 [31]~文献 [33]。1986 年，在 Rumelhart 和 McCelland 等出版的 *Parallel Distributed Processing* 一书中提出了一种著名的多层神经网络模型，即 BP 网络 [34]。该网络是迄今为止应用最普遍的神经网络。

4. 新连接机制时期 (1986 年至今)

神经网络从理论走向应用领域，出现了神经网络芯片和神经计算机。神经网络的主要应用领域有风速预测 [35]、图像分类 [36]、无线电力输电阻抗匹配 [37]、通用数据分类 [38] 和故障检测 [39]。最新相关研究进展见文献 [40]~文献 [45]。

4.2　神经网络的基本结构

神经生理学和神经解剖学的研究表明，人脑极其复杂，由一千多亿个神经元交织在一起的网状结构构成，其中大脑皮层约有 140 亿个神经元，小脑皮层约有 1000 亿个神经元 [1]。

人脑能完成智能、思维等高级活动，神经网络的研究就是为了能利用数学模型来模拟人脑的活动。神经系统的基本单元是神经元 (神经细胞)，它是处理人体内各部分之间相互信息传递的基本单元 [2]。每个神经元都由一个细胞体、一个连接其他神经元的轴突和一些向外伸出的其他较短分支——树突组成。轴突功能是将本神经元的输出信号 (兴奋) 传递给其他神经元，其末端的许多神经末梢使得兴奋可以同时传送给多个神经元。树突的功能是接受来自其他神经元的兴奋。神经元细胞体将接收到的所有信号进行简单处理后, 由轴突输出。神经元的轴突与其他神经元神经末梢相连的部分称为突触 [3]。

神经元由以下四部分构成。

(1) 细胞体 (主体部分): 包括细胞质、细胞膜和细胞核。

(2) 树突: 为细胞体传入信息。

(3) 轴突: 为细胞体传出信息, 其末端是轴突末梢, 含传递信息的化学物质。

(4) 突触: 神经元之间的接口 ($10^4 \sim 10^5$ 个/神经元)。

通过树突和轴突, 神经元之间可实现信息的传递。

神经元具有如下功能。

(1) 兴奋与抑制: 如果传入神经元的冲动经整合后使细胞膜电位升高, 那么超过动作电位的阈值时即兴奋状态, 产生神经冲动, 由轴突经神经末梢传出; 如果传入神经元的冲动经整合后使细胞膜电位降低, 那么低于动作电位的阈值时即抑制状态, 不产生神经冲动。

(2) 学习与遗忘: 由于神经元结构的可塑性, 突触的传递作用可增强或减弱, 所以神经元具有学习与遗忘的功能。

决定神经网络模型性能的三大要素包括神经元 (信息处理单元) 的特性、神经元之间相互连接的形式——拓扑结构以及为适应环境而改善性能的学习规则。

目前神经网络模型的种类相当丰富, 已有四十余种神经网络模型。根据神经网络的连接方式, 神经网络可划分为如下三类。

1. 前馈型神经网络

前馈型神经网络 (feedforward NN) 的模型结构如图 4.1 所示, 神经元分层排列, 组成输入层、隐含层和输出层。每一层的神经元只接受前一层神经元的输入。输入模式经过各层的顺次变换后, 由输出层输出。在各神经元之间不存在反馈。典型的前馈型神经网络有感知器网络和 BP 网络等。

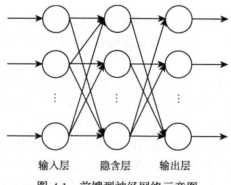

输入层   隐含层   输出层

图 4.1   前馈型神经网络示意图

2. 反馈型神经网络

反馈型神经网络 (feedback NN) 的模型结构如图 4.2 所示。

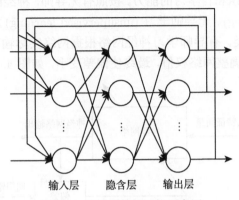

图 4.2　反馈型神经网络示意图

　　反馈型神经网络的结构从输出层到输入层存在反馈，即每一个输入节点都有可能接受来自外部的输入和来自输出神经元的反馈。这种神经网络是一种反馈动力学系统，它需要工作一段时间才能达到稳定。

　　Hopfield 神经网络是反馈网络中最简单且应用最广泛的模型，它具有联想记忆功能，如果将李雅普诺夫函数定义为寻优函数，那么 Hopfield 神经网络还可以解决寻优问题。

3. 自组织网络

自组织网络的模型结构如图 4.3 所示。

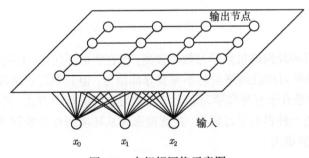

图 4.3　自组织网络示意图

　　Kohonen 网络是最典型的自组织网络。Kohonen 认为，当神经网络在接受外界输入时，网络将会分成不同的区域，且不同区域具有不同的响应特征，即不同的神经元以最佳方式响应不同性质的信号激励，从而形成一种拓扑意义上的特征图，该图实际上是一种非线性映射。这种映射是通过无监督的自适应过程完成的，也称为自组织特征图。

　　神经网络学习算法是神经网络智能特性的重要标志，神经网络通过学习算法，实现了自适应、自组织和自学习的能力。按照有无导师，神经网络可分为有导师学习 (supervised learning)、无导师学习 (unsupervised learning) 和再励学习 (reinforcement learning) 三类。有导师学习神经网络根据网络实际输出与期望输出 (即导师信号) 之间的差异调整网络权值，最终使偏差变小，如图 4.4 所示。

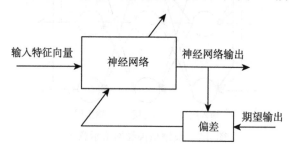

图 4.4　有导师学习神经网络示意图

　　无导师学习神经网络如图 4.5 所示。输入模式进入网络后，网络按照一预先设定的规则自动调整权值，使网络最终具备分类功能。

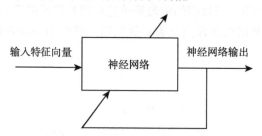

图 4.5　无导师学习神经网络示意图

　　有导师学习神经网络虽然学习效率较高，但在实际系统中，导师信号不容易直接获取。无导师学习神经网络虽然不需要导师信号，但其学习效率较低，很难实际应用。再励学习是介于有导师学习和无导师学习之间的学习方式，是模拟人类适应环境学习过程的一种机器学习模型，是智能系统从环境到行为映射的学习，以使强化 (奖励) 信号值最大。

　　神经网络具有如下一些基本特征。

　　(1) 能逼近任意非线性函数。

　　(2) 信息的并行分布式处理与存储。

　　(3) 可以多输入、多输出。

　　(4) 便于用超大规模集成电路或光学集成电路系统实现，或用现有的计算机技术实现。

(5) 能进行学习, 以适应环境的变化。

基于 MATLAB 的神经网络程序设计与实现可参考文献 [46]~文献 [54]。

神经网络主要应用于以下领域。

(1) 基于神经网络的系统辨识 [55-57]。将神经网络作为被辨识系统的模型, 可在已知常规模型结构的情况下, 估计模型的参数。利用神经网络的线性、非线性特性, 可建立线性、非线性系统的静态、动态、逆动态及预测模型, 实现非线性系统的建模和辨识。

(2) 神经网络控制器 [58,59]。神经网络作为实时控制系统的控制器, 可对不确定、不确知系统及扰动进行有效的控制, 使控制系统达到所要求的动态、静态特性。

(3) 神经网络与其他算法相结合。将神经网络与专家系统 [60]、模糊逻辑 [61]、遗传算法 [62] 等相结合, 可设计新型智能控制系统。

(4) 优化计算 [63]。在常规的控制系统中常需要求解约束优化问题, 神经网络为这类问题的解决提供了有效的途径。

4.3 感 知 器

感知器既是最简单也是最基本的人工网络模型, 掌握好感知器的基本数学模型对于学习人工神经网络具有非常重要的意义 [64]。

4.3.1 感知器的基本思想

第一个人工神经元模型——MP 模型的提出, 标志着人工神经网络研究的开始。但 MP 模型中的参数必须事先人为设定且不能调整, 因而缺乏与生物神经元类似的学习能力。

在 MP 模型的基础上引入学习能力就是感知器, 这是美国学者罗森布拉特在 1958 年提出的第一个人工神经网络模型。感知器的提出是人工神经网络发展史上的重要转折点, 它标志着人工神经网络从此有了智能的特性, 此后进入第一个发展高潮。

单层单神经元感知器的基本模型如图 4.6 所示。

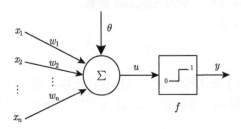

图 4.6 单层单神经元感知器的基本模型

由图 4.6 可知，单层单神经元感知器是一个阈值加权和模型，有 n 个输入变量 $x_1, x_2, \ldots, x_n$，它们对应的权值分别是 $w_1, w_2, \ldots, w_n$，加权求和后与阈值 θ 相比较，得到 u，即

$$u = \sum_{i=1}^{n} w_i x_i - \theta \tag{4.1}$$

如果把阈值并入权值，那么可把它看作第 0 个输入，$x_0=1$，权值为 $w_0 = -\theta$。这样就可以把它改写为加权求和的形式，即 $u = \sum_{i=0}^{n} w_i x_i$。输入特征向量就是 x_0, $x_1, x_2, \ldots, x_n$，对应的权值为 $w_0, w_1, w_2, \ldots, w_n$。$u$ 经过激励函数 f 变换为输出 y。因此，感知器的运算法则就是加权、求和、取函数。

这个函数称为激励函数，早期的激励函数常采用如图 4.7 所示的硬限幅函数。

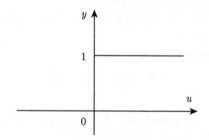

图 4.7　硬限幅函数示意图

硬限幅函数定义为

$$y = f(u) = \begin{cases} 1, & u \geqslant 0 \\ 0, & u < 0 \end{cases} \tag{4.2}$$

当输入 u 大于或等于 0 时，输出 y 为 1；否则 y 为 0。由于硬限幅函数的输出只能是 0 或 1，所以它主要用于两个模式的分类问题。

但实际问题中，有时可能要求输出能在 0 和 1 之间连续取值，例如，模糊控制中模糊隶属度的输出是一个取值为 0~1 的数值，概率也是一个取值为 0~1 的数值。此时，可采用如图 4.8 所示的 Sigmoid 函数。

Sigmoid 函数定义为

$$y = f(u) = \frac{1}{1 + e^{-\beta u}} \tag{4.3}$$

当输入 u 在 $(-\infty,+\infty)$ 变化时，输出 y 在 [0,1] 连续取值。当参数 β 取值不断增大时，曲线变得越来越陡峭。当参数 β 趋近 ∞ 时，Sigmoid 函数就变为如图 4.7 所示的硬限幅函数。

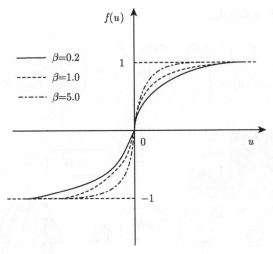

图 4.8　Sigmoid 函数示意图

4.3.2　感知器的应用

1. 感知器应用于模式分类

单层单个神经元的感知器主要用于两类模式的分类问题，例如，要区分一个水果到底是苹果还是橘子，人是如何迅速做出判断的呢？一般情况下，人可根据水果的一些外部特征来做出快速而准确的判断，一看外形，圆形的定义输入为 0，椭圆形的就为 1；二看颜色，黄色为 0，红色为 1；三看质地，光滑为 0，粗糙为 1。这样就得到三个不同的输入，其值可能为 0 或 1，如表 4.1 所示。

表 4.1　水果的外部特征定义

特征	外形	颜色	质地
0	圆形	黄色	光滑
1	椭圆形	红色	粗糙

苹果一般认为是圆形、红色、光滑的，就定义其输入为 (0,1,0)，而橘子一般认为是椭圆形、黄色、粗糙的，就定义其输入为 (1,0,1)，按照这三个不同的特征将水果分为苹果和橘子两种不同的类别，可定义输出 0 为苹果，输出 1 为橘子，如图 4.9 所示。

因此，可采用如图 4.10 所示的一个三输入--输出的单层单个感知器网络，其中激励函数选择硬限幅函数，只要选择合适的权值，阈值满足式 (4.4) 所示的条件，就能实现从输入 (0,1,0) 到输出 0、从输入 (1,0,1) 到输出 1 的一一映射，解决这样最简单的两个模式分类问题。

$$\begin{cases} u = w_1 x_1 + w_2 x_2 + w_3 x_3 - \theta \\ y = f(u) = \begin{cases} 1, & u \geqslant 0 \\ 0, & u < 0 \end{cases} \end{cases} \Rightarrow \begin{cases} w_2 - \theta < 0 \\ w_1 + w_3 - \theta \geqslant 0 \end{cases} \tag{4.4}$$

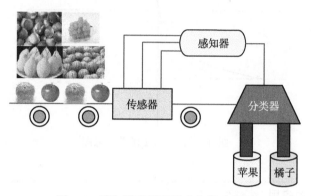

图 4.9　感知器应用于模式分类示意图

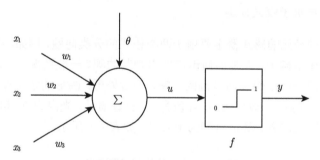

图 4.10　感知器应用于模式分类解决方案示意图

　　实际生活中常见的人脸识别、虹膜识别都属于模式分类的范畴, 可采用类似方法解决, 思想方法基本一致, 感兴趣的读者可进一步参考模式分类相关的书籍。

　　进一步地, 若还要区分桃子、梨子、西瓜和葡萄等多种水果, 则需用感知器分类多个模式, 要求感知器有多个输出, 会用到更复杂的单层多神经元感知器, 甚至多层多神经元感知器。单层多神经元感知器的示意图如图 4.11 所示。

　　采用矢量形式, 很容易写出图 4.11 对应的单层多神经元感知器的数学模型:

$$\begin{aligned} U &= WX \\ Y &= f(U) \end{aligned} \tag{4.5}$$

其中, 权矩阵定义为 $W = \begin{bmatrix} w_{01} & w_{11} & w_{21} & \cdots & w_{n1} \\ w_{02} & w_{12} & w_{22} & \cdots & w_{n2} \\ \vdots & \vdots & \vdots & & \vdots \\ w_{0m} & w_{1m} & w_{2m} & \cdots & w_{nm} \end{bmatrix}$, 它的第 1 列元素分

别对应各神经元的阈值的相反数, 即 $w_{01} = -\theta_1, w_{02} = -\theta_2, \cdots, w_{0m} = -\theta_m$。输入特征向量定义为有 n 个输入特征的矢量 $X = [x_0, x_1, \cdots, x_n]^{\mathrm{T}}$, 输出向量即按照不同特征分类的 m 个分类结果, 为 $Y = [y_1, y_2, \cdots, y_m]^{\mathrm{T}}$, 权矩阵 W 是可调整的。

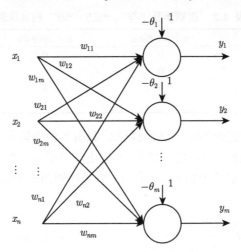

图 4.11　单层多神经元感知器示意图

对于比较复杂的问题, 可能需要采用如图 4.12 所示的多层多神经元感知器。

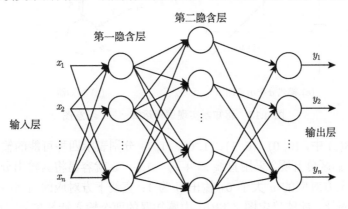

图 4.12　多层多神经元感知器示意图

由图 4.12 可知, 多层多神经元感知器中, 最左侧的输入层主要用于输入样本的特征向量输入, 最右侧的输出层用于输出感知器的计算结果作为模式分类判断

的根据, 从输入层到输出层中间的各层均为隐含层, 从左至右依次可称为第一隐含层、第二隐含层等。

2. 感知器应用于逻辑函数实现

除模式分类外, 感知器还可用于逻辑函数实现, 下面结合两个实例进行说明。

例 4.1   用感知器实现逻辑运算 "与"、"或"、"非"[65]。

逻辑运算 "与"、"或"、"非" 的真值如表 4.2 所示。

表 4.2   逻辑运算 "与"、"或"、"非" 的真值表

x_1	x_2	$y = x_1 \wedge x_2$	$y = x_1 \vee x_2$	$y = \bar{x}_1$
0	0	0	0	1
0	1	0	1	1
1	0	0	1	0
1	1	1	1	0

从表 4.2 所示的逻辑 "与" 真值表可知, 只有当两个输入同为 1 时, 输出才为 1; 否则输出为 0。显然, 可以用二输入–一输出的单层单神经元感知器, 激励函数可采用硬限幅函数。以两个输入 x_1 和 x_2 为坐标轴画出如图 4.13 所示的分类示意图。

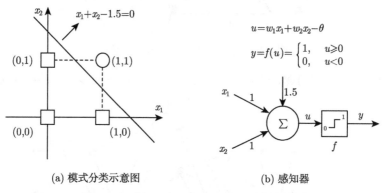

(a) 模式分类示意图   (b) 感知器

图 4.13   感知器实现逻辑运算 "与" 示意图

图 4.13(a) 中, (0, 0)、(0, 1)、(1, 0)、(1, 1) 分别表示四种可能的输入模式, 那么怎么将它们区分开呢? 采用直线 $x_1 + x_2 - 1.5 = 0$ 就容易将其输出分为两类即 0 和 1。直线上方对应的 u 大于 0, 输出 y 为 1; 直线下方对应的 u 小于 0, 输出 y 为 0。经过对比, 就能确定图 4.13(b) 中感知器的两个输入特征信号对应的权值均为 1, 阈值为 1.5, 这样就实现了逻辑运算 "与" 功能。

类似地, 也可用一个这样的感知器来实现逻辑 "或"。从表 4.2 所示的逻辑 "或" 真值表可知, 只要任意一个输入为 1 时, 输出就为 1; 否则输出为 0。显然, 可以用

二输入–一输出的单层单神经元感知器, 激励函数可采用硬限幅函数。以两个输入 x_1 和 x_2 为坐标轴画出如图 4.14 所示的分类示意图。

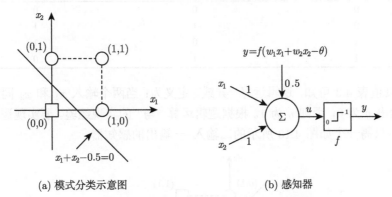

(a) 模式分类示意图   (b) 感知器

图 4.14 感知器实现逻辑运算 "或" 示意图

图 4.14(a) 中, $(0,0)$、$(0,1)$、$(1,0)$、$(1,1)$ 分别表示四种可能的输入模式, 那么怎么将它们区分开呢? 例如, 采用直线 $x_1 + x_2 - 0.5 = 0$ 就容易将其输出分为两类即 0 和 1。直线上方对应的 u 大于 0, 输出 y 为 1; 直线下方对应的 u 小于 0, 输出 y 为 0。经过对比, 就能确定图 4.14(b) 感知器的两个输入特征信号对应的权值均为 1, 阈值为 0.5, 这样就实现了逻辑运算 "或" 功能。

而逻辑 "非" 只有一个输入和一个输出, 采用如图 4.15 所示的单输入单神经元感知器就可实现, 其中的激励函数 f 仍然选择硬限幅函数。

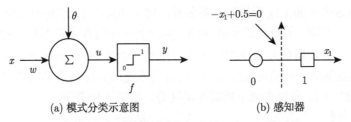

(a) 模式分类示意图   (b) 感知器

图 4.15 感知器实现逻辑运算 "非" 示意图

它的分界线就是直线 $-x_1 + 0.5 = 0$, 正好把 0 和 1 这两类区分开来。对照感知器的数学模型, 易得出权值 w 为 -1, 阈值 θ 为 -0.5。

既然感知器能实现逻辑运算 "与"、"或"、"非" 等功能, 那它能不能实现逻辑运算 "异或" 功能呢? 下面以实例进行说明。

例 4.2 用感知器实现逻辑运算 "异或" 功能。

逻辑运算 "异或" 的真值表如表 4.3 所示。

表 4.3 逻辑运算 "异或" 真值表

x_1	x_2	y
0	0	0
0	1	1
1	0	1
1	1	0

由真值表 4.3 可知,逻辑运算 "异或" 定义为:当两个输入 x_1 和 x_2 同为 0 或 1 时,输出 y 为 0,否则 y 为 1。根据逻辑运算 "与" 的实现经验,要实现逻辑运算 "异或",只需一个如图 4.16 所示的二输入–一输出的感知器。

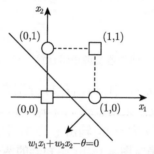

图 4.16 单层线性感知器无法实现逻辑运算 "异或" 示意图

图 4.16 中,在二维平面上对应的四个点 (0,0)、(0,1)、(1,0) 和 (1,1),其中 (0,0)、(1,1) 这两个点对应的输出为 0,(0,1)、(1,0) 这两个点对应的输出为 1。现在问题转化为这个平面上能否找到一条分界线将 (0,0)、(1,1) 这两个点和 (0,1)、(1,0) 这两个点区分开来。无论怎样都找不到,实际上这样的直线是不存在的 [50]。

下面分析感知器如何实现逻辑运算 "异或" 功能。逻辑运算 "异或" 真值表中有四个可能的输入、两类可能的输出,用直线不能区分这两类不同模式的输出,这里以 (0,0) 和 (1,1) 为焦点画个椭圆即可区分,如图 4.17 所示。

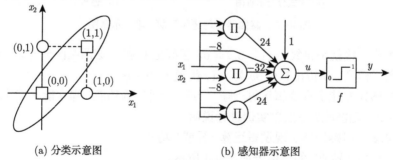

(a) 分类示意图   (b) 感知器示意图

图 4.17 单层非线性感知器实现逻辑运算 "异或" 示意图

如图 4.17(a) 所示，椭圆方程为 $24x_1^2 + 24x_2^2 - 32x_1x_2 - 8x_1 - 8x_2 - 1 = 0$，对应的单层非线性感知器如图 4.17(b) 所示，其输入是 x_1 和 x_2，经过非线性处理再加权求和后得到 u，再经过硬限幅函数 f 运算得到输出 y。显然，当 x_1 和 x_2 同为 0 或为 1 时，u 为 -1，再经 f 运算得输出 y 为 0；当 x_1 和 x_2 不同时，u 为 15，再经 f 运算得输出 y 为 1，正好实现了逻辑运算"异或"功能。

如图 4.17 所示的椭圆可将这四个点对应的两类输出区分出来，那么是否还有其他方法？其中一种可行的解决思路是用两条直线围成的带状区域作为分界线，如图 4.18 所示。

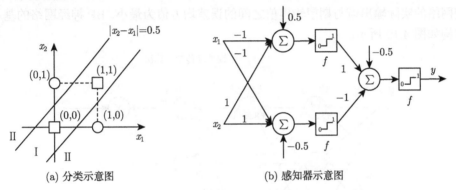

(a) 分类示意图　　　　　　　　　(b) 感知器示意图

图 4.18　多层线性感知器实现逻辑运算"异或"示意图

图 4.18(a) 中，分界线采用这个带状区域，可以将它们对应的输出划分为两类。其对应的是如图 4.18(b) 所示的多层线性感知器，这里采用两层：1 个隐含层有 2 个神经元，1 个输出层有 1 个神经元。具体论证过程很容易验证。

通过以上分析可以发现，单层线性感知器的确无法实现逻辑运算"异或"功能，但是换个角度，采用一个单层非线性感知器或多层线性感知器就能实现逻辑运算"异或"功能。

总之，感知器的运算法则就是加权、求和、取函数。作为最简单的神经网络，感知器主要用于模式分类、逻辑函数实现等。单层线性感知器不能解决"异或"问题，而采用单层非线性或多层线性感知器可解决"异或"问题。

本节主要介绍了感知器的数学模型，并结合实例分析了它在模式识别和逻辑函数功能实现中的实际应用。

此外，还有如下问题值得读者继续深入思考。

(1) 除前面介绍的两种方法之外，还有没有其他方法也可以设计一个感知器来实现逻辑运算"异或"功能？

(2) 既然感知器可以解决逻辑运算"异或"功能，那么如何用感知器实现逻辑运算"同或"功能？

(3) 如何利用 MATLAB 或 C 语言编写程序设计感知器, 分别实现逻辑运算 "与"、"或"、"非"、"异或"、"同或" 功能 [7]?

(4) 如何利用 MATLAB 或 C 语言编写程序设计误差反向传播神经网络, 分别实现逻辑运算 "与"、"或"、"非"、"异或"、"同或" 功能?

4.4 BP 神经网络

BP 神经网络算法的基本方法是最小二乘算法 [66-74]。采用梯度搜索技术, 以使网络的实际输出值与期望输出值之间的误差均方值为最小。BP 神经网络的基本结构如图 4.19 所示。

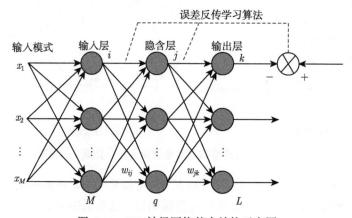

图 4.19　BP 神经网络基本结构示意图

图 4.19 中, BP 神经网络是一个前馈神经网络, 输入层有 M 个神经元, 隐含层有 q 个神经元, 输出层有 L 个神经元。变量定义如下: 输入向量 $X=[x_1, x_2, \cdots, x_M]$, 隐含层第 j 个节点的输入为 net_j, 隐含层第 j 个节点的输出为 O_j, 输出层第 k 个节点的输入为 net_k, 输出层第 k 个节点的输出为 O_k, 期望输出向量为 d_k。输入层与隐含层的连接权值为 w_{ij}, 隐含层与输出层的连接权值为 w_{jk}, 隐含层各神经元的阈值为 θ_j, 输出层各神经元的阈值为 θ_k, 样本数据个数为 P, 激励函数定义如下:

$$f(x) = \frac{1}{1 + \mathrm{e}^{-\frac{(x-\theta_j)}{\theta_0}}} \tag{4.6}$$

设每一样本 p 的输入输出模式对的二次型误差函数为

$$E_p = \frac{1}{2} \sum_{k=1}^{L} (d_{pk} - O_{pk})^2 \tag{4.7}$$

系统的平均误差代价函数为

$$E = \frac{1}{2} \sum_{p=1}^{P} \sum_{k=1}^{L} (d_{pk} - O_{pk})^2 = \sum_{p=1}^{P} E_p \tag{4.8}$$

BP 神经网络算法一般分为正向传播和误差反向传播两个阶段。正向传播中，输入样本依次经过输入层、隐含层各神经元的计算，经过输出层输出；若输出层的实际输出与期望输出不相符，则转入误差反向传播阶段。误差反向传播中，误差以某种形式在各层表示——修正各层连接权值，直到 BP 神经网络的输出误差减少到可接受的程度或进行到预先设定的学习次数。

BP 神经网络算法的主要步骤如下。

步骤 1 初始化。置所有权值和阈值为较小的随机数，一般范围可选为 $[-1, 1]$ 或 $[0, 1]$，给定计算精度要求和最大学习次数。

步骤 2 提供训练样本集。给定输入向量 $X = [x_1, x_2, \cdots, x_M]$，给定期望的目标输出向量 $D = [d_1, d_2, \cdots, d_L]$。

步骤 3 BP 神经网络的前馈计算。隐含层第 j 个节点的输入为

$$\text{net}_{pj} = \text{net}_j = \sum_{i=1}^{M} w_{ij} O_i \tag{4.9}$$

隐含层第 j 个节点的输出为

$$O_j = f(\text{net}_j) = \frac{1}{1 + e^{-(\text{net}_j - \theta_j)}} \tag{4.10}$$

式中，θ_j 表示阈值，正的 θ_j 可使激励函数沿水平轴向右移动。

对式 (4.10) 求导可得

$$f'(\text{net}_j) = f(\text{net}_j)[1 - f(\text{net}_j)] \tag{4.11}$$

输出层第 k 个节点的总输入为

$$\text{net}_k = \sum_{j=1}^{q} w_{jk} O_j \tag{4.12}$$

输出层第 k 个节点的实际网络输出为

$$O_k = f(\text{net}_k) \tag{4.13}$$

步骤 4 BP 神经网络权值的调整。设每一样本 p 的输入输出模式对的二次型误差函数为

$$E = \frac{1}{2} \sum_{p=1}^{P} \sum_{k=1}^{L} (d_{pk} - O_{pk})^2 = \sum_{p=1}^{P} E_p \tag{4.14}$$

系统的平均误差代价函数为

$$E_p = \frac{1}{2} \sum_{k=1}^{L} (d_{pk} - O_{pk})^2 \tag{4.15}$$

式中，P 为样本模式对数；L 为网络输出层节点数。

接下来的问题是如何调整连接权系数以使代价函数 E 最小。

为简便起见，略去下标 p，重写式 (4.15)，有

$$E = \frac{1}{2} \sum_{k=1}^{L} (d_k - O_k)^2 \tag{4.16}$$

权值应按 E 函数梯度变化的反方向进行调整，使网络的实际输出接近期望输出。输出层权值的修正公式为

$$\Delta w_{jk} = -\eta \frac{\partial E}{\partial w_{jk}} \tag{4.17}$$

式中，η 为学习速率，$\eta > 0$。

误差函数对 w_{jk} 的偏导数定义为

$$\frac{\partial E}{\partial w_{jk}} = \frac{\partial E}{\partial \mathrm{net}_k} \frac{\partial \mathrm{net}_k}{\partial w_{jk}} \tag{4.18}$$

定义反传误差信号 δ_k 为

$$\delta_k = -\frac{\partial E}{\partial \mathrm{net}_k} = -\frac{\partial E}{\partial O_k} \frac{\partial O_k}{\partial \mathrm{net}_k} \tag{4.19}$$

式中

$$\frac{\partial E}{\partial O_k} = -(d_k - O_k) \tag{4.20}$$

$$\frac{\partial O_k}{\partial \mathrm{net}_k} = \frac{\partial}{\partial \mathrm{net}_k} f(\mathrm{net}_k) = f'(\mathrm{net}_k) \tag{4.21}$$

因此，式 (4.19) 可改写为

$$\delta_k = (d_k - O_k) f'(\mathrm{net}_k) = O_k(1 - O_k)(d_k - O_k) \tag{4.22}$$

又有

$$\frac{\partial \mathrm{net}_k}{\partial w_{jk}} = \frac{\partial}{\partial w_{jk}} \left(\sum_{j=1}^{q} w_{jk} O_j \right) = O_j \tag{4.23}$$

由此可得输出层的任意神经元权值的修正公式为

$$\Delta w_{jk} = \eta(d_k - O_k) f'(\mathrm{net}_k) O_j = \eta \delta_k O_j \tag{4.24}$$

或

$$\Delta w_{jk} = \eta O_k(1 - O_k)(d_k - O_k) \tag{4.25}$$

隐含层节点权值的变化量为

$$\Delta w_{ij} = -\eta \frac{\partial E}{\partial w_{ij}} = -\eta \frac{\partial E}{\partial \mathrm{net}_j} \frac{\partial \mathrm{net}_j}{\partial w_{ij}} = -\eta \frac{\partial E}{\partial \mathrm{net}_j} O_i$$
$$= \eta \left(-\frac{\partial E}{\partial O_j} \frac{\partial O_j}{\partial \mathrm{net}_j} \right) O_i = \eta \left(-\frac{\partial E}{\partial O_j} \right) f'(\mathrm{net}_j) O_i$$
$$= \eta \delta_j O_i \tag{4.26}$$

显然有

$$-\frac{\partial E}{\partial O_j} = -\sum_{k=1}^{L} \frac{\partial E}{\partial \mathrm{net}_k} \frac{\partial \mathrm{net}_k}{\partial O_j} = \sum_{k=1}^{L} \left(-\frac{\partial E}{\partial \mathrm{net}_k} \right) \frac{\partial}{\partial O_j} \left(\sum_{j=1}^{q} w_{jk} O_j \right)$$
$$= \sum_{k=1}^{L} \left(-\frac{\partial E}{\partial \mathrm{net}_k} \right) w_{jk} = \sum_{k=1}^{L} \delta_k w_{jk} \tag{4.27}$$
$$\delta_j = f'(\mathrm{net}_j) \sum_{k=1}^{L} \delta_k w_{jk}$$

将样本标记 p 代入式 (4.25) 后, 对于输出层节点 k 有

$$\Delta_p w_{jk} = \eta f'(\mathrm{net}_k)(d_{pk} - O_{pk}) O_{pj} = \eta O_{pk}(1 - O_{pk}) O_{pj} \tag{4.28}$$

将样本标记 p 代入式 (4.26) 后, 对于隐含层节点 j 有

$$\Delta_p w_{ij} = \eta f'(\mathrm{net}_{pj}) \left(\sum_{k=1}^{L} \delta_{pk} w_{jk} \right) O_{pi} = \eta O_{pj}(1 - O_{pj}) \left(\sum_{k=1}^{L} \delta_{pk} w_{jk} \right) O_{pi} \tag{4.29}$$

式中, O_{pk} 是输出节点 k 的输出; O_{pj} 是隐含层节点 j 的输出; O_{pi} 是输入节点 i 的输出。

由式 (4.29) 可知, 网络连接权值调整式为

$$w_{ij}(t+1) = w_{ij}(t) + \eta \delta_j O_i + \alpha[w_{ij}(t) - w_{ij}(t-1)] \tag{4.30}$$

式中, $t+1$ 表示第 $t+1$ 次迭代; α 为平滑因子, 取值范围为 $0 < \alpha < 1$。

步骤 5　循环或结束。判断网络误差是否满足要求, 如果误差达到预设精度或学习次数大于设定的最大次数, 则结束算法; 否则, 选取下一个学习样本及对应的期望输出, 返回步骤 2, 进入下一轮学习。

简而言之，BP 神经网络学习的过程就是在外界输入样本的刺激下不断改变网络的连接权值，以使网络的输出不断地接近期望的输出。因此，按照学习类型分类，BP 神经网络是一种有导师学习的神经网络。其核心思想就是将输出误差以某种形式通过隐含层向输入层逐层反传，将误差分摊给各层的所有单元——各层单元的误差信号修正各单元权值，学习的过程就是信号的正向传播和误差的反向传播。BP 神经网络学习的本质是对各连接权值的动态调整，学习规则即权值调整规则，就是在学习过程中网络各神经元的连接权值变化所依据的一定的调整规则。

BP 神经网络算法实际应用时需要注意如下一些问题。

(1) 学习开始时，各隐含层连接权值的初值一般设置成较小的随机数较为合适。

(2) 采用 S 型激励函数时，输出层各神经元的输出只能趋于 0 或 1，不能达到 0 或 1。在设置各训练样本时，期望输出向量 d 不能设置为 0 或 1，以设置为 0.9 或 0.1 较为合适。

(3) 学习速率 η 的选择，在学习开始时，η 选取较大的值可加快学习速度。学习接近优化区时，η 必须相当小，否则权值将产生振荡而不收敛。此外，平滑因子 α 的取值一般为 0.9 左右。

BP 神经网络具有如下优点。

(1) 非线性映射能力。BP 神经网络能学习和存储大量输入–输出模式映射关系，而无须事先了解描述这种映射关系的数学方程。只要能提供足够多的样本模式对给 BP 神经网络进行学习训练，它便能完成由 n 维输入空间到 m 维输出空间的非线性映射。

(2) 泛化能力。向网络输入训练时未曾见过的非样本数据，网络也能完成由输入空间向输出空间的正确映射，这种能力称为泛化能力。

(3) 容错能力。输入样本中带有较大的误差甚至个别错误，对网络的输入输出规律影响很小。

但是，BP 神经网络也具有如下明显的缺点。

(1) 待寻优的参数较多，收敛速度较慢。

(2) 目标函数存在多个极值点，按梯度下降法学习，容易陷入局部极小值。

(3) 隐含层及隐含层节点的数目难以确定。目前，如何根据特定的问题来确定具体的网络结构还没有统一的规定，往往根据实际情况试凑确定。

BP 神经网络具有很好的非线性映射能力，可广泛应用于模式识别、图像处理、系统辨识、函数拟合、优化计算、最优预测和自适应控制等领域。BP 神经网络具有很好的逼近特性和泛化能力，可用于神经网络控制器的设计。但 BP 神经网络收敛速度慢，难以满足工业过程实时控制的要求。

4.5　基于 MATLAB 的神经网络应用仿真实例

4.5.1　基于 MATLAB 的感知器应用仿真实例分析

例 4.3　设计 MATLAB 程序采用感知器解决线性分类问题。

采用感知器解决线性分类问题，将输入分为四类。输入矢量：P=[0.1 0.7 0.8 0.8 1 0.3 0 −0.3 −0.5 −1.5; 1.2 1.8 1.6 0.6 0.8 0.5 0.2 0.8 −1.5 −1.3]，对应目标矢量：T=[1 1 1 0 0 1 1 1 0 0; 0 0 0 0 0 1 1 1 1 1]，可知网络源节点数为 2，输出层节点数也为 2。

设计感知器的算法步骤如下。

步骤 1　初始化，置所有的加权系数为较小的随机数。

步骤 2　提供训练集，给出顺序赋值的输入向量 $x^1, x^2, \cdots, x^N$ 和期望的输出向量 $t^1, t^2, \cdots, t^N$。

步骤 3　计算感知器的实际输出。

步骤 4　计算期望值与实际输出的误差。

步骤 5　调整输出层的权值和阈值。

步骤 6　重复步骤 3～步骤 5，直到误差满足要求。

感知器解决线性分类问题的程序如下：

```
%单层感知器解决一个简单的分类问题
X1=[0.1 0.7 0.8 0.8 1 0.3 0 -0.3 -0.5 -1.5];
%X1、X2为训练序列，D为相对应的输出，用它们训练权重
X2=[1.2 1.8 1.6 0.6 0.8 0.5 0.2 0.8 -1.5 -1.3];
D1=[1 1 1 0 0 1 1 1 0 0];
D2=[0 0 0 0 0 1 1 1 1 1];
%作图显示四类点
plot(X1(1,1:3),X2(1,1:3),'*')
axis([-3 3 -3 3])
hold on
plot(X1(1,4:5),X2(1,4:5),'o')
plot(X1(1,6:8),X2(1,6:8),'+')
plot(X1(1,9:10),X2(1,9:10),'X')
W=[1 0.2;0.3 2]; %初始权阵，随机给定
Q1=0.1; Q2=-2;    %阈值
n=1;t=20;
a=1;              %学习率
a0=a;
while 1
```

```
        former1=W(1,1);
        former2=W(1,2);
        former3=W(2,1);
        former4=W(2,2);
        for i=1:10      %共有10个点
            s1=W(1,1)*X1(1,i)+W(1,2)*X2(1,i)-Q1;
            if s1>=0   %激励函数采用硬限幅函数
                y1=1;
            else
                y1=0;
            end
            W(1,1)=W(1,1)+a*(D1(1,i)-y1)*X1(1,i);
            W(1,2)=W(1,2)+a*(D1(1,i)-y1)*X2(1,i);

            s2=W(2,1)*X1(1,i)+W(2,2)*X2(1,i)-Q2;
            if s2>=0
                y2=1;
            else
                y2=0;
            end
            W(2,1)=W(2,1)+a*(D2(1,i)-y2)*X1(1,i);
            W(2,2)=W(2,2)+a*(D2(1,i)-y2)*X2(1,i);
            % draw(W,Q1,Q2,0);
            %a=a0/(1+(n/t));
            %n=n+1;
        end
        if abs(former1-W(1,1))<0.0001 && abs(former2-W(1,2))<0.0001
          && abs(former3-W(2,1))<0.0001 && abs(former4-W(2,2))<0.0001
            %相邻两次权值基本不发生改变，此为终止条件
            disp ('权值矩阵: ')
            W
            break;
        end
end
%校验
draw(W,Q1,Q2,1);hold on

%测试程序
```

```
x=input('请输入待分类点[*,*]: ');
%分界线函数
f1=W(1,1)*x(1)+W(1,2)*x(2)-Q1;
f2=W(2,1)*x(1)+W(2,2)*x(2)-Q2;
if f1<0&&f2<0
    disp('该点位于I区');
    plot(x(1),x(2),'o')
else if f1>0&&f2<0
        disp('该点位于II区')
        plot(x(1),x(2),'*')
    else if f1>0&&f2>0
            disp('该点位于III区')
            plot(x(1),x(2),'+')
        else if f1<0&&f2>0
                disp('该点位于IV区')
                plot(x(1),x(2),'X')
            end
        end
    end
end
```

子函数 draw 的程序如下：

```
function A=draw(W,Q1,Q2,flag)
if W(1,2)==0
    W(1,2)=0.00001
end
if W(2,2)==0
    W(2,2)=0.00001
end

k1=-1*W(1,1)/W(1,2);
a1=Q1/W(1,2);
X1=-3:0.1:3;
X2=k1.*X1+a1;
if flag==0
    plot(X1,X2,'g--')
else
    plot(X1,X2,'r')
```

```
end
hold on

k2=-1*W(2,1)/W(2,2);
a2=Q2/W(2,2);
X1=-3:0.1:3;
X2=k2.*X1+a2;
if flag==0
    plot(X1,X2,'g--')
else
    plot(X1,X2,'b')
end
```

程序运行后,输入待分类点 $[-1,1]$,得到权值矩阵为 $\begin{bmatrix} -0.8000 & 0.9000 \\ -1.3000 & -2.6000 \end{bmatrix}$,
运行结果如图 4.20 所示。

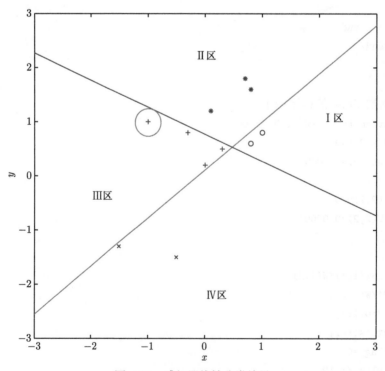

图 4.20　感知器线性分类结果

图 4.20 表明，当输入待分类点为 $[-1,1]$ 时，自动分类到 III 区。这表明感知器能够将输入矢量进行线性分类，可用来解决简单的分类问题。

4.5.2 基于 MATLAB 的 BP 神经网络应用仿真实例分析

例 4.4 设计 MATLAB 程序采用 BP 神经网络实现逻辑运算"异或"功能。

采用 BP 神经网络实现逻辑运算"异或"功能的算法步骤设计如下。

步骤 1 参数初始化，根据异或逻辑规则设计神经网络。

步骤 2 依次计算每层神经元的实际输出，直到输出层。

步骤 3 权值迭代，正向信号传递，反向误差修正。

步骤 4 重复步骤 2 和步骤 3，直到网络输出误差减少到可接受程度或预先设定的学习次数。

相应的程序设计如下：

```
%用BP神经网络算法解决异或问题
p=[0 1 0 1;1 0 0 1;1 1 0 0];
A=p(1:2,:);          % 输入向量组设置
[1, c]=size(A);      % 1为输入向量的个数, c为每个向量的元素个数
w1=rand(2); w2=rand(1,2); b1=rand(2,1);
b2=rand(1);               %随机产生权值和阈值
arfa=0.3;                 %参数初始化
gama=0.8; error=1;
k=1;                      %初始化迭代次数
while(error>0.001)
    error=0;
    for i=c*(k-1)+1:1:k*c
        a0=A(:,i-c*k+c);
        n1=w1*a0+b1;
        a1=logsig(n1);        %求第一级的输出
        a=a1;
        n2=w2*a1+b2;
        a2(i)=logsig(n2);     %求第二级的输出
        error=error+(p(3,i-c*k+c)-a2(i))^2;
        s2=-2*dlogsig(n2,a2(i))*(p(3,i-c*k+c)-a2(i)); %dlogsig(n2,a2(i))
                                              为第二级求导
        %第一级求导, 所得值存入temp中
        [m,n]=size(a);
        temp=zeros(m);
        for j=1:1:m
```

```
                temp(j,j)=(1-a(j))*a(j);
            end
            s1=temp*w2'*s2;
            w1=w1-arfa*s1*a0';        %权值迭代
            w2=w2-gama*s2*a1';
            b1=b1-arfa*s1;
        b2=b2-gama*s2;
        end
        k=k+1;
    end

 for n=1:1:k-1
     p0(n)=a2(c*n-3);
     p1(n)=a2(c*n-2);
     p2(n)=a2(c*n-1);
     p3(n)=a2(c*n);
 end

disp('满足总误差小于0.001时，所计算得到的权值为：')
w1
w2
disp('迭代次数为：')
n
disp('当输入为[0;1]时，理想输出为1，实际输出为：')
y=p0(n)
disp('当输入为[1;0]时，理想输出为1，实际输出为：')
y=p1(n)
disp('当输入为[0;]时，理想输出为0，实际输出为：')
y=p2(n)
disp('当输入为[1;1]时，理想输出为0，实际输出为：')
y=p3(n)
disp('总的误差为：')
error

plot(p0);
hold on
plot(p1,'r');
hold on
```

```
plot(p2,'g');
hold on
plot(p3,'m');
legend('f(p0)','f(p1)','f(p2)','f(p3)',4)
text(3000,0.7,'p0=[0;1],p1=[1;0]')
text(3000,0.6,'p2=[0;0],p3=[1;1]')
```

运行程序，结果如图 4.21 所示。

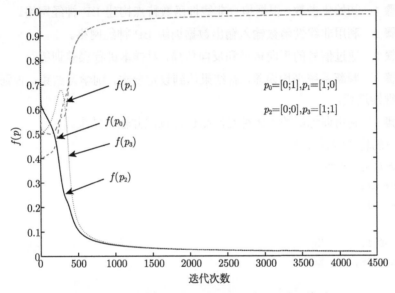

图 4.21　BP 神经网络实现逻辑运算 "异或" 结果

由图 4.21 可知，经过 4433 次迭代以后，当限定停止条件为误差限 0.001 时，得到权值分别为 $w_1 = [5.4489, 5.4380; 3.6502, 3.6462]$，$w_2 = [11.2146, -12.1068]$。当输入为 [0; 1] 时，BP 神经网络的输出值为 0.9848，接近其理想输出值 1；当输入为 [1; 0] 时，BP 神经网络的输出值为 0.9848，接近其理想输出值 1；当输入为 [0; 0] 时，BP 神经网络的输出值为 0.0116，接近其理想输出值 0；当输入为 [1; 1] 时，BP 神经网络的输出值为 0.0162，接近其理想输出值 0。误差已经满足设定值要求。BP 神经网络算法运行时间短，准确度高，可以较好地实现逻辑运算 "异或" 功能。

例 4.5　设计 MATLAB 程序采用 BP 神经网络解决非线性函数拟合问题。

BP 神经网络训练可用输入输出数据训练神经网络，使训练后的网络能够拟合出非线性函数进而预测非线性函数输出。从样本中选择前 12 组输入输出数据，用于网络训练，5 组作为测试数据，用于测试网络的拟合性能。BP 神经网络用训练好的网络预测函数输出，并对预测结果进行分析。

表 4.4 列举了一组实测数据 x_i, y_i($i=1, 2, \cdots, 17$)，需要采用 BP 神经网络求出它们之间的函数关系 $y = f(x)$。

表 4.4　实测数据列表

x	97	47	95	84	96	113	24	16	47	37	42	14	23	35	27	85	96
y	34	17	28	25	31	52	8	6	14	9	13	3	14	10	9	36	48

采用 BP 神经网络拟合的步骤如下。

步骤 1　初始化参数，根据拟合非线性函数特点构建 BP 神经网络。

步骤 2　利用非线性函数输入输出数据训练 BP 神经网络。

步骤 3　通过信号的正向传播和反向传播，对样本进行误差训练。

步骤 4　判断系统平均误差，若结果达到设定要求，则学习结束；否则，返回步骤 2 继续迭代。

步骤 5　利用训练好的 BP 神经网络进行预测并输出结果。

相应的程序设计如下：

```
%BP神经网络训练
clear all;
close all;

xite=0.1;        %η
alfa=0.05;       %α

w2=rands(5,1);
w2_1=w2;w2_2=w2_1;

w1=rands(2,5);
w1_1=w1;w1_2=w1;
dw1=0*w1;

I=[0,0,0,0,0]';
Iout=[0,0,0,0,0]';
FI=[0,0,0,0,0]';

OUT=1;   %设置偏差维数
k=0;
E=1.0;
NS=12;   %设置总样本数
```

```
x=[97 47 95 84 96 113 24 16 47 37 42 14 ];
y=[34 17 28 25 31 52 8 6 14 9 13 3];
[inputn, inputps]=mapminmax(x);
[outputn, outputps]=mapminmax(y);
xm=[0.6768,0.2653;
    -0.3333,-0.4286;
    0.6364,0.0204;
    0.4141,-0.1020;
    0.6566,0.1429;
    1.0000,1.0000;
    -0.7980,-0.7959;
    -0.9596,-0.8776;
    -0.3333,-0.5510;
    -0.5354,-0.7551;
    -0.4343,-0.5918;
    -1.0000,-1.0000];
while E>=1e-10
k=k+1;
times(k)=k;
%多输入多输出的训练样本
for s=1:1:NS
  x=xm(s,:);
  y=outputn(s);


%%%%%%%%%前向传播%%%%%%%%%%
%隐含层的输入输出
for j=1:1:5
    I(j)=x*w1(:,j);
    Iout(j)=1/(1+exp(-I(j)));
end

%输出层的输出
yl=w2'*Iout;
yl=yl';
el=0;
%网络输出与理想输出的偏差
el=0.5*(y-yl)^2 ;  %输出误差
```

```
es(s)=el;
%系统平均误差
E=0;
if s==NS
    for s=1:1:NS
        E=E+es(s);
    end
end
%%%%%%%%%%反向传播%%%%%%%%%%%
ey=y-yl;


%%%%调整输出权值w2%%%%
w2=w2_1+xite*Iout*ey+alfa*(w2_1-w2_2);
%%%%%%%%


%%%%调整输入权值w1%%%%
for j=1:1:5
    S=1/(1+exp(-I(j)));
    FI(j)=S*(1-S);
end
for i=1:1:2
    for j=1:1:5
        dw1(i,j)=xite*FI(j)*x(i)*(ey(1)*w2(j,1));
    end
end
w1=w1_1+dw1+alfa*(w1_1-w1_2);
%%%%%%%%%
w1_2=w1_1;w1_1=w1;
w2_2=w2_1;w2_1=w2;
end    %for循环语句结束
%%%%%%%%%%%%%%%%%%%%%%%%
Ek(k)=E;
while k>=180000
    E=0;
    break
end
end    %while循环语句结束
figure(1);
```

```
plot(times,Ek,'r');
xlabel('训练次数k');ylabel('平均误差E');
%BP神经网络测试
x1=[23 35 27 85 96];
y1=[14 10 9 36 48];
inputn_test=mapminmax('apply',x1,inputps);
outputn_test=mapminmax(y1);
x_test=[-0.8182,-0.7436;
        -0.5758,-0.9487;
        -0.7374,-1.0000;
        0.4343,0.3846;
        0.6566,1.0000;];

%%%%%%前向网络%%%%%
%隐含层输入输出
for i=1:1:5
    for j=1:1:5
        I(i,j)=x_test(i,:)*w1(:,j);
        Iout(i,j)=1/(1+exp(-I(i,j)));
    end
end
%网络输出
y=w2'*Iout';
y=mapminmax('reverse',y,outputps);
e=y-y1;
figure(2)
plot(y,':og')
hold on
plot(y1,'-*');
legend('预测输出','期望输出')
title('BP神经网络预测输出')
xlabel('样本')
ylabel('函数输出')
figure(3)
plot(e)
xlabel('样本')
ylabel('误差')
```

运行程序，BP 神经网络训练后的预测输出和期望输出如图 4.22 所示。BP 神经网络对非线性函数拟合产生的绝对误差如图 4.23 所示。

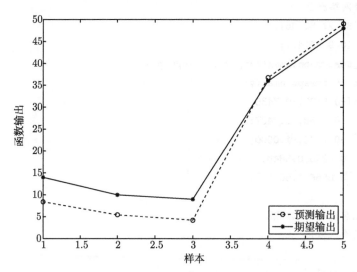

图 4.22　BP 神经网络的预测输出和期望输出

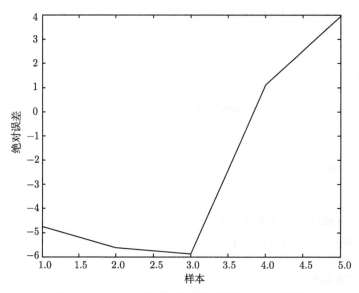

图 4.23　BP 神经网络非线性函数拟合绝对误差

由图 4.22 和图 4.23 可知，在利用前 12 组数据对 BP 神经网络进行训练 200 次以后，对后面 5 组数据进行测试，预测结果与实际值基本吻合，表明 BP 神经网络可以对非线性函数进行拟合。然而，虽然 BP 神经网络具有较高的拟合能力，但是其网络预测结果仍然有一定的误差,某些样本点的预测误差较大,要想显著降低误差,需要结合其他智能算法进行进一步的优化改进,以得到更好的预测效果。

例 4.6　设计 MATLAB 程序采用 BP 神经网络解决模式识别问题。

由于 BP 神经网络具有自学习、自组织和并行处理等特征,且具有很强的容错能力和联想能力,所以它具有模式识别的能力。在 BP 神经网络模式识别中,根据标准的输入输出模式对,采用 BP 神经网络学习算法,以标准的模式作为学习样本进行训练,通过学习调整 BP 神经网络的连接权值。当训练满足要求后,得到的 BP 神经网络权值构成了模式识别的知识库,利用 BP 神经网络并行推理算法对所需要的输入模式进行识别。

BP 神经网络算法的训练过程如下:正向传播是输入信号从输入层经隐含层传向输出层,若输出层得到了期望的输出,则学习算法结束;否则,转至反向传播。

BP 神经网络算法的设计步骤如下。

步骤 1　对权值和神经元阈值初始化 $[-1,1]$ 上分布的随机数。

步骤 2　输入样本,指定输出层各神经元的期望输出值。

步骤 3　依次计算每层神经元的实际输出,直到输出层。

步骤 4　从输出层开始修正每一个权值,直到第一隐含层。

步骤 5　转到步骤 2,循环直至权值稳定。

相应的程序设计如下:

```
%BP神经网络训练
clear all;
close all;
%设定学习参数
xite=0.50;
alfa=0.05;
%权值的初始值设定
w2=rands(6,1);
w2_1=w2;w2_2=w2_1;

w1=rands(2,6);
w1_1=w1;w1_2=w1;
dw1=0*w1;

%初始化三个层
I=[0,0,0,0,0,0]';
Iout=[0,0,0,0,0,0]';
FI=[0,0,0,0,0,0]';
```

```
k=0;
E=1.0;
NS=3;

while E>=1e-020       %训练的最终指标
k=k+1 ;
times(k)=k;

for s=1:1:NS          %多输入样本
xs=[1,0;
    0,0;
    0,1] ;            %理想输入
ys=[1;
    0;
    -1] ;            %理想输出

x=xs(s,:);
for j=1:1:6           %隐含层的输出
    I(j)=x*w1(:,j);
    Iout(j)=1/(1+exp(-I(j)));
end

yl=w2'*Iout ;         %输出层的输出

el=0 ;
y=ys(s,:) ;
el=el+0.5*(y-yl)^2; %输出误差
es(s)=el;

E=0;
if s==NS
   for s=1:1:NS
      E=E+es(s);
   end
end
end
ey=y-yl;
%输出层的权值调整
```

```
w2=w2_1+xite*Iout*ey+alfa*(w2_1-w2_2);

for j=1:1:6
    S=1/(1+exp(-I(j)));
    FI(j)=S*(1-S);
end
%隐含层的权值调整
for i=1:1:2
    for j=1:1:6
        dw1(i,j)=xite*FI(j)*x(i)*ey*w2(j,1);
    end
end
w1=w1_1+dw1+alfa*(w1_1-w1_2);

w1_2=w1_1;w1_1=w1;
w2_2=w2_1;w2_1=w2;
end
Ek(k)=E;
end   %整个循环的终止
figure(1);
plot(times,Ek,'r')
xlabel('k');ylabel('E')
%训练的最终权值用于模式识别的知识库,将其保存
save wfile w1 w2;
%BP神经网络测试
clear all;
load wfile w1 w2;

%测试样本
x=[0.970, 0.001;
   0.000, 0.980;
   0.002, 0.000;
   0.500, 0.500;
   1.000, 0.000;
   0.000, 1.000;
   0.000, 0.000];
for i=1:1:7
    for j=1:1:6
```

```
    I(i,j)=x(i,:)*w1(:,j);
        Iout(i,j)=1/(1+exp(-I(i,j)));
    end
end
y=w2'*Iout';
y=y'
```

运行程序,结果如图 4.24 所示。

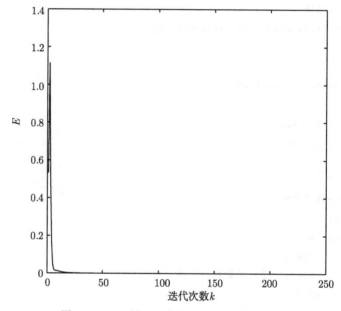

图 4.24　BP 神经网络样本训练的收敛过程

训练完成后,对 BP 神经网络的性能进行测试,测试样本及对应的结果如表 4.5 所示。

表 4.5　BP 神经网络的测试样本及对应结果

输入		输出
0.970	0.001	0.9771
0.000	0.980	−0.9852
0.002	0.000	0.0023
0.500	0.500	−0.0017
1.000	0.000	1.0000
0.000	1.000	−1.0000
0.000	0.000	-6.9813×10^{-11}

表 4.5 表明，当某一个测试样本的输入模式与训练样本中相同时，输出为训练样本中相应的期望输出；当某一个测试样本的输入模式与训练样本中的某一个输入模式较为接近时，输出接近该训练样本中相应的期望输出。

4.6 本 章 小 结

本章首先介绍了人工神经网络的基本概念、类别、应用领域；然后介绍了最简单的人工神经网络——感知器的运算法则及其在模式分类、逻辑函数实现等领域的应用；最后介绍了 BP 神经网络的基本结构及其算法步骤，以及基于 MATLAB 的仿真应用实例。

神经网络在模拟人类智能方面迈开了重要的一步，但其结构不确定、可塑性较强、待整定优化的参数较多，解决这个问题需要应用进化计算算法，这将在第 5 章进行介绍。

参 考 文 献

[1] 詹姆斯. 心理学原理[M]. 唐钺, 译. 北京: 北京大学出版社, 2013.

[2] 吴岸城. 神经网络与深度学习[M]. 北京: 电子工业出版社, 2016.

[3] 刘凡平. 神经网络与深度学习应用实战[M]. 北京: 电子工业出版社, 2018.

[4] McCulloch W S, Pitts W H. A logical calculus ideasim manent neuron activity[J]. Bulletin of Mathematical Biophysics, 1943, 5:115-133.

[5] Mondal A, Ghosh A, Ghosh S. Scaled and oriented object tracking using ensemble of multilayer perceptrons[J]. Applied Soft Computing, 2018, 73:1081-1094.

[6] Kiranyaz S, Ince T, Iosifidis A, et al. Progressive operational perceptrons[J]. Neurocomputing, 2017, 224:142-154.

[7] Ikeda K, Honda A, Hanzawa H, et al. Non-monotonic convergence of online learning algorithms for perceptrons with noisy teacher[J]. Neural Networks, 2018, 102:21-26.

[8] Kůková V, Sanguineti M. Probabilistic lower bounds for approximation by shallow perceptron networks[J]. Neural Networks, 2017, 91:34-41.

[9] Zhou W, Jia J Y. A learning framework for shape retrieval based on multilayer perceptrons[J]. Pattern Recognition Letters, 2019, 117:119-130.

[10] Valente R A, Abrão T. MIMO transmit scheme based on morphological perceptron with competitive learning[J]. Neural Networks, 2016, 80:9-18.

[11] Caminhas W M, Vieira D A G, Vasconcelos J A. Parallel layer perceptron[J]. Neurocomputing, 2003, 55(3-4): 771-778.

[12] Avuçlu E, Başçiftçi F. New approaches to determine age and gender in image processing techniques using multilayer perceptron neural network[J]. Applied Soft Computing,

2018, 70:157-168.

[13] Schuld M, Sinayskiy I, Petruccione F. Simulating a perceptron on a quantum computer[J]. Physics Letters A, 2015, 379(7):660-663.

[14] Souza F A A, Araújo R, Matias T, et al. A multilayer-perceptron based method for variable selection in soft sensor design[J]. Journal of Process Control, 2013, 23(10): 1371-1378.

[15] Horita T, Takanami I. An FPGA-based multiple-weight-and-neuron-fault tolerant digital multilayer perceptron[J]. Neurocomputing, 2013, 99:570-574.

[16] 邢红杰, 哈明虎. 前馈神经网络及其应用[M]. 北京: 科学出版社, 2013.

[17] Wang J, Wen Y Q, Gou Y D, et al. Fractional-order gradient descent learning of BP neural networks with Caputo derivative[J]. Neural Networks, 2017, 89:19-30.

[18] Ma X, Chen X F, Zhang X Y. Non-interactive privacy-preserving neural network prediction[J]. Information Sciences, 2019, 481:507-519.

[19] 何玉彬, 李新忠. 神经网络控制技术及其应用[M]. 北京: 科学出版社, 2000.

[20] Jin L, Li S, Hu B, et al. A survey on projection neural networks and their applications[J]. Applied Soft Computing, 2019, 76:533-544.

[21] Kuriscak E, Marsalek P, Stroffek J, et al. Biological context of Hebb learning in artificial neural networks, a review[J]. Neurocomputing, 2015, 152:27-35.

[22] Pajares G, Cruz J M. Local stereovision matching through the Adaline neural network[J]. Pattern Recognition Letters, 2001, 22(14):1457-1473.

[23] Ai Q, Zhou Y G, Xu W H. Adaline and its application in power quality disturbances detection and frequency tracking[J]. Electric Power Systems Research, 2007, 77(5-6): 462-469.

[24] Benites F, Sapozhnikova E. Improving scalability of ART neural networks[J]. Neurocomputing, 2017, 230:219-229.

[25] Kohonen T. The self-organizing map[J]. Proceedings of the IEEE, 1990, 78:1464-1480.

[26] Parisi G I, Kemker R, Part J L, et al. Continual lifelong learning with neural networks: A review[J]. Neural Networks, 2019, 113:54-71.

[27] Soltoggio A, Stanley K O, Risi S. Born to learn: The inspiration, progress, and future of evolved plastic artificial neural networks[J]. Neural Networks, 2018, 108:48-67.

[28] Flanagan J A. Self-organisation in Kohonen's SOM[J]. Neural Networks, 1996, 9(7):1185-1197.

[29] Hopfield J J. Neural networks and physical systems with emergent collective computational properties[J]. Proceedings of the National Academy of Sciences, 1982, 79:2554-2558.

[30] Hopfiled J J. Neurons with graded response have collective computational properties like those of two-state neurons[J]. Proceedings of the National Academy of Sciences, 1984, 81:3088-3092.

[31] Wang F X, Liu X G, Tang M L, et al. Further results on stability and synchronization of fractional-order Hopfield neural networks[J]. Neurocomputing, 2019, 346:12-19.

[32] Joudar N E, En-naimani Z, Ettaouil M. Using continuous Hopfield neural network for solving a new optimization architecture model of probabilistic self organizing map[J]. Neurocomputing, 2019, 344:82-91.

[33] Kobayashi M. Hyperbolic Hopfield neural networks with directional multistate activation function[J]. Neurocomputing, 2018, 275:2217-2226.

[34] Rumelhart D, McClelland J. Parallel Distributed Processing[M]. Cambridge: MIT Press, 1986.

[35] Qu Z X, Mao W Q, Zhang K Q, et al. Multi-step wind speed forecasting based on a hybrid decomposition technique and an improved back-propagation neural network[J]. Renewable Energy, 2019, 133:919-929.

[36] Seo Y, Shin K S. Hierarchical convolutional neural networks for fashion image classification[J]. Expert Systems with Applications, 2019, 116:328-339.

[37] Li Y, Dong W H, Yang Q X. An automatic impedance matching method based on the feedforward-backpropagation neural network for a WPT system[J]. IEEE Transactions on Industrial Electronics, 2019, 66(5):3963-3972.

[38] Han H M, Li Y, Zhu X Q. Convolutional neural network learning for generic data classification[J]. Information Sciences, 2019, 477:448-465.

[39] Zhao H T, Lai Z H. Neighborhood preserving neural network for fault detection[J]. Neural Networks, 2019, 109:6-18.

[40] Zhang Y B, Zhang Z F, Miao D Q, et al. Three-way enhanced convolutional neural networks for sentence-level sentiment classification[J]. Information Sciences, 2019, 477:55-64.

[41] Zhang Q R, Zhang M, Chen T H, et al. Recent advances in convolutional neural network acceleration[J]. Neurocomputing, 2019, 323:37-51.

[42] Cao W P, Wang X Z, Ming Z, et al. A review on neural networks with random weights[J]. Neurocomputing, 2018, 275:278-287.

[43] Liu W Z, Jiang M H, Yan M. Stability analysis of memristor-based time-delay fractional-order neural networks[J]. Neurocomputing, 2019, 323:117-127.

[44] Watanabe C, Hiramatsu K, Kashino K. Modular representation of layered neural networks[J]. Neural Networks, 2018, 97:62-73.

[45] Jin L, Li S, Yu J G, et al. Robot manipulator control using neural networks: A survey[J]. Neurocomputing, 2018, 285:23-34.

[46] 闻新. 应用 MATLAB 实现神经网络[M]. 北京：国防工业出版社, 2015.

[47] 顾艳春. MATLAB R2016a 神经网络设计应用 27 例[M]. 北京：电子工业出版社, 2018.

[48] 丛爽. 面向 MATLAB 工具箱的神经网络理论与应用[M]. 3 版. 合肥：中国科学技术大学出版社, 2013.

[49] 杨杰, 占君, 张继佳. MATLAB 神经网络 30 例[M]. 北京: 电子工业出版社, 2014.

[50] 王小川, 史峰, 郁磊. MATLAB 神经网络 43 个案例分析[M]. 北京: 北京航空航天大学出版社, 2013.

[51] 郁磊, 史峰, 王辉, 等. MATLAB 智能算法 30 个案例分析[M]. 2 版. 北京: 北京航空航天大学出版社, 2015.

[52] 葛哲学, 孙志强. 神经网络理论与 MATLAB R2007 实现[M]. 北京: 电子工业出版社, 2007.

[53] 周开利, 康耀红. 神经网络模型及其 MATLAB 仿真程序设计[M]. 北京: 清华大学出版社, 2005.

[54] 陈明. MATLAB 神经网络原理与实例精解[M]. 北京: 清华大学出版社, 2013.

[55] Vargas J A, Pedrycz W, Hemerly E M. Improved learning algorithm for two-layer neural networks for identification of nonlinear systems[J]. Neurocomputing, 2018, 329:86-96.

[56] Massimiliano L, Maurizio P, Antonello R. A novel neural networks ensemble approach for modeling electrochemical cells[J]. IEEE Transactions on Neural Networks and Learning Systems, 2019, 30(2):343-354.

[57] Ning H W, Qing G Y, Tian T H. Online identification of nonlinear stochastic spatiotemporal system with multiplicative noise by robust optimal control-based kernel learning method[J]. IEEE Transactions on Neural Networks and Learning Systems, 2019, 30(2): 389-404.

[58] He S D, Dai S L, Luo F. Asymptotic trajectory tracking control with guaranteed transient behavior for msv with uncertain dynamics and external disturbances[J]. IEEE Transactions on Industrial Electronics, 2019, 66(5):3712-3720.

[59] Yang Z Q, Peng J Z, Liu Y H. Adaptive neural network force tracking impedance control for uncertain robotic manipulator based on nonlinear velocity observer[J]. Neurocomputing, 2019, 331:263-280.

[60] Gessert N, Lutz M, Heyder M, et al. Automatic plaque detection in IVOCT pullbacks using convolutional neural networks[J]. IEEE Transactions on Medical Imaging, 2018, 38(2):426-434.

[61] Tavakoli A R, Seifi A R, Arefi M M. Designing a self-constructing fuzzy neural network controller for damping power system oscillations[J]. Fuzzy Sets and Systems, 2018, 356:63-76.

[62] Reynolds J, Rezgui Y, Kwan A, et al. A zone-level, building energy optimisation combining an artificial neural network, a genetic algorithm, and model predictive control[J]. Energy, 2018, 151:729-739.

[63] Han H G, Wu X L, Zhang L, et al. Self-organizing RBF neural network using an adaptive gradient multiobjective particle swarm optimization[J]. IEEE Transactions on Cybernetics, 2019, 49(1):69-82.

[64] Minsky M L, Papert S. Perceptron[M]. Cambridge: MIT Press, 1969.

[65]　黄从智, 白焰. 智能控制课程中感知器教案设计与教学实践[J]. 中国电力教育, 2014, (14): 95-96, 102.

[66]　Zhang L. An upper limb movement estimation from electromyography by using BP neural network[J]. Biomedical Signal Processing and Control, 2019, 49:434-439.

[67]　Xue H Z, Cui H W. Research on image restoration algorithms based on BP neural network[J]. Journal of Visual Communication and Image Representation, 2019, 59:204-209.

[68]　Yin L B, Liu G C, Zhou J L, et al. A calculation method for CO_2 emission in utility boilers based on BP neural network and carbon balance[J]. Energy Procedia, 2017, 105:3173-3178.

[69]　Wang D Y, Luo H Y, Grunder O, et al. Multi-step ahead electricity price forecasting using a hybrid model based on two-layer decomposition technique and BP neural network optimized by firefly algorithm[J]. Applied Energy, 2017, 190:390-407.

[70]　He F, Zhang L Y. Prediction model of end-point phosphorus content in BOF steelmaking process based on PCA and BP neural network[J]. Journal of Process Control, 2018, 66: 51-58.

[71]　Zhuo L, Zhang J, Dong P, et al. An SA-GA-BP neural network-based color correction algorithm for TCM tongue images[J]. Neurocomputing, 2014, 134:111-116.

[72]　Wang J, Wen Y Q, Ye Z Y, et al. Convergence analysis of BP neural networks via sparse response regularization[J]. Applied Soft Computing, 2017, 61:354-363.

[73]　Wu W, Wang J, Cheng M S, et al. Convergence analysis of online gradient method for BP neural networks[J]. Neural Networks, 2011, 24(1):91-98.

[74]　李景. 基于神经网络的火电厂设备状态实时监测系统设计[D]. 北京: 华北电力大学, 2018.

第5章 进 化 计 算

进化计算方法因其模拟自然界"适者生存、优胜劣汰"的生存法则,适用于求解各种典型的优化问题,在函数优化、工业过程控制等领域得到了广泛的应用。本章首先介绍遗传算法的基本思想、基本步骤,然后针对置换流水车间的典型调度问题提出一种新型编码方法和改进的遗传算法,通过仿真试验验证该算法的有效性和优越性,进而介绍遗传编程算法的基本思想、基本步骤及其应用实例。

5.1 进化计算概要

群智能优化算法是近几年新兴的研究方向,已经涌现出了一批以粒子群优化(particle swarm optimization, PSO) 算法为代表的启发式仿生学算法,如果蝇算法、烟花算法和细菌觅食算法等 [1]。由于在高维空间内数学问题的复杂性随着空间的增大呈指数倍地增加,传统的优化算法无法获得良好的结果,而群智能优化算法模仿生物界的种群,定义了一个寻优的种群,并且对种群内的粒子赋予了智能,智能化后的粒子按照一定的规则分布式地在空间内寻找最优解 [2]。

进化计算是群智能优化算法的一个主要分支,遗传算法和遗传编程是其典型代表。遗传算法是模拟自然界的生存法则和达尔文的进化论提出来的,已广泛应用于工业过程控制、优化调度等领域 [3]。在二进制编码遗传算法中,种群个体的基因型是若干个 0 和 1 二进制编码经过一系列组合而成的,进而通过复制、交叉和变异等操作一代代进行迭代优化,最终到达全局最优解 [4]。遗传编程则将其进一步扩展到任意操作运算符、常量、变量的组合,通过表达式函数的复制、交换和突变等操作一代代进行迭代优化,最终形成符合问题需要的表达式树,进一步化简就可得到所需要的函数表达式。

5.2 遗 传 算 法

本节首先介绍一个关于狮子和羚羊的寓言。在静谧的非洲大草原上,夕阳西下,这时,一头狮子在沉思:明天太阳升起时,我要奔跑,以追上跑得最快的羚羊;此时,一只羚羊也在沉思:明天太阳升起时,我要奔跑,以逃脱跑得最快的狮子。无论你是狮子,还是羚羊,当太阳升起时,你要做的就是奔跑。

狮子和羚羊的寓言给我们的启示就是适者生存,优胜劣汰。这也是达尔文进化论的核心思想。遗传算法是一种基于自然选择和基因遗传学原理的智能优化搜索方法，是基于达尔文进化论提出来的一种进化计算算法。

遗传算法的研究目的有两个：一是抽象和严谨地解释自然界的适应过程；二是将自然生物系统的重要机理运用到工程系统、计算机系统或商业系统等的设计中。

遗传算法主要应用于函数优化、组合优化、生产调度、自动控制、机器人、图像处理、人工生命、遗传编程和机器学习等领域。

5.2.1　遗传算法的基本思想

遗传算法是 Holland 根据生物进化的模型提出的一种优化算法。自然选择学说是进化论的中心内容。根据进化论，生物的发展进化主要有遗传、变异和选择三个原因 [5]。

遗传指子代总是和亲代相似。遗传性是一切生物所共同的特性，使生物能够把它的特性、性状传给后代。因此，遗传是生物进化的基础。

变异指子代和亲代有某些不相似的现象，即子代永远不会和亲代完全一样。变异是一切生物所具有的共同特征，是生物个体之间相互区别的基础。引起变异的原因主要是生活环境的影响、器官的不同使用和杂交等。生物的变异性为生物的进化和发展创造了条件。

选择指具有精选的能力，它可决定生物进化的方向。在进化过程中，有的个体要保留，有的个体要被淘汰。自然选择是生物在自然界的生存环境中适者生存、不适者被淘汰的过程。通过不断的自然选择，有利于生存的变异就会遗传下去，积累起来，逐步产生了新的物种。

常规优化算法主要包括解析法和枚举法，其中解析法求出的往往是局部最优解而非全局最优解，且一般要求目标函数连续光滑及可微；而枚举法虽然克服了这些缺点，但计算效率太低，对于一个实际问题往往由于搜索空间太大而不能遍历所有的情况，即使众所周知的动态规划法，也会遇到 "指数爆炸" 问题，对于中等规模和适度复杂性的问题，常常无能为力。

遗传算法具有如下一些显著的特点 [6]。

(1) 对参数的编码进行操作，而非对参数本身。

(2) 从许多点开始并行操作，而非局限于一点，因而可以有效地防止搜索过程收敛于局部最优解。

(3) 通过目标函数来计算适配值，而不需要其他推导和附加信息，从而对问题的依赖性较小。

(4) 其寻优规则是由概率决定的，而非确定性的。

(5) 在解空间进行高效启发式搜索，而非盲目地穷举或完全随机搜索。

(6) 对于待寻优的函数基本无限制，它既不要求函数连续，也不要求函数可微，既可以是数学解析式所表达的显函数，也可是映射矩阵甚至是神经网络等隐函数，因而应用范围较广。

(7) 具有并行计算的特点，因而可通过大规模并行计算来提高计算速度。

(8) 适合大规模复杂问题的优化。

(9) 计算简单，功能强大。

遗传算法因其这些突出的优点，已经广泛应用于机械臂轨迹跟踪问题 [7]、蒸汽压缩式热泵优化设计 [8]、运营管理 [9]、实数编码动态经济调度 [10]、机械工程 [11]、无线传感器网络系统 [12]、多车场车辆路径规划 [13]、动态设施布局 [14] 和决策支持系统 [15] 等方面。改进的遗传算法有协同进化遗传算法 [16] 和高级交互式遗传算法 [17]，基于 MATLAB 的相关程序设计算法可参考文献 [18]～文献 [22]。

Holland 的遗传算法通常称为简单遗传算法。操作简单和功能强大是遗传算法的主要特点。一般的遗传算法都包含复制操作 (reproduction operator)、交叉操作 (crossover operator) 和变异操作 (mutation operator) 三个基本操作 [13]。

复制又称繁殖，是从一个旧种群 (old population) 中选择生命力强的个体位串 (individual string，或称字符串) 产生新种群的过程。换句话说，复制就是个体位串根据其目标函数 (即适配值函数) 复制自己的过程。复制操作是模仿自然选择现象，将达尔文的适者生存理论运用于位串的复制。自然群体中，适配值是由一个生物为继续生存而捕食、预防时疫、生长和繁殖后代过程中克服障碍的能力决定的。在复制操作中，目标函数是该位串被复制或被淘汰的决定因素。

例 5.1   对于函数 $f(x) = x^2 (x \in [0,31])$ 最大值的求解问题，决策变量 x 是十进制整数，可以用五位二进制字符串表示，00000 对应的 x 是 0，11111 对应的 x 是 31，适配值就是目标函数 $f(x)$ 的取值。如表 5.1 所示，随机产生的种群有四个个体，初始位串分别为 01101、11000、01000、10011，对应的决策变量 x 的取值分别是 13、24、8 和 19，适配值分别为 169、576、64 和 361，占总适配值的比例分别为 14.44%、49.23%、5.47% 和 30.86%。

表 5.1   种群的初始位串及对应的适配值

编号	位串 (x)	适配值	占总适配值的比例
1	01101(13)	169	14.44%
2	11000(24)	576	49.23%
3	01000(8)	64	5.47%
4	10011(19)	361	30.86%
总和 (初始种群整体)		1170	100%

显然，按照初始种群四个个体对应的适配值占总适配值的比例，2 号个体占比

最大, 然后依次是 4 号个体、1 号个体和 3 号个体, 3 号个体占比最小。按照轮盘赌法, 2 号个体的适配值占比最大, 复制到下一代的概率最大, 3 号个体的适配值占比最小, 复制到下一代的概率最小。假设经复制操作后下一代群体个数仍然为 4, 则四个个体的复制概率分别为 0.1444、0.4923、0.0547、0.3086, 期望复制数定义为种群个数与对应的复制概率的乘积, 分别为 0.5776、1.9692、0.2188、1.2344, 经过四舍五入后它们的实际复制数选择为 1、2、0、1, 如表 5.2 所示。

表 5.2　复制操作之后的各项数据

编号	初始群体	x 值	适配值	复制概率	期望复制数	实际复制数
1	01101	13	169	0.1444	0.5776	1
2	11000	24	576	0.4923	1.9692	2
3	01000	8	64	0.0547	0.2188	0
4	10011	19	361	0.3086	1.2344	1
	总计		1170	1.00	4.00	4
	平均值		293	0.25	1.00	1
	最大值		576	0.49	1.97	2

由表 5.2 可知, 2 号个体的适配值占比最大, 复制到下一代的数目为 2, 1 号个体和 4 号个体复制到下一代的数目均为 1, 而 3 号个体的适配值占比最小, 经过一次复制操作后被淘汰。此外, 对比表 5.1 和表 5.2 可以发现, 仅仅经过一次复制操作, 种群个体适配值的平均值由 292.5 增至 420.5, 也体现了遗传算法操作简单、功能强大的特点。

简单的单点交叉操作分两步实现。在由等待配对的位串构成的匹配池中, 第一步是将新复制产生的位串个体随机两两配对; 第二步是随机地选择交叉点, 对匹配的位串进行交叉繁殖, 产生一对新的位串。具体过程如下:

设位串的字符长度为 L, 在 $[1, L-1]$ 范围内, 随机地选取一个整数值 k 作为交叉点。将两个配对位串从位置 k 后的所有字符进行交换, 从而生成两个新的位串。

例如, 交叉前的两个位串分别为 A1=01101 和 A2=11000, 字符长度 L 为 5, 选择位置 $k=3$ 之后的所有字符进行交叉操作, 则交叉后得到的位串分别为 A1=01100 和 A2=11001。对于表 5.2 复制生成后的四个位串个体, 选择 1 号个体和 2 号个体配对, 交叉点选择 4; 选择 3 号个体和 4 号个体配对, 交叉点选择 2, 则新产生的群体如表 5.3 所示。

经过一次复制操作和交叉操作后, 种群个体的适配值平均值增大到 439, 最大值增大到 729, 与初始种群的适配值相比都有显著的增大。

表 5.3   交叉操作之后的各项数据

新串号	复制后的匹配池	配对选择对象	交叉点	新群体	x	适配值
1	0110|1	2	4	01100	12	144
2	1100|0	1	4	11001	25	625
3	11|000	4	2	11011	27	729
4	10|011	3	2	10000	16	256
		总计				1754
		平均值				439
		最大值				729

尽管复制操作和交叉操作在遗传算法中非常重要，但无法保证不会遗漏一些重要的遗传信息。如表 5.4 所示的四个个体，它们的第四位均为 0，无论经过多少次复制操作和交叉操作，它们的第四位都无法达到最优解 1。在人工遗传系统中，变异操作可用来防止这种不可弥补的遗漏。在简单遗传算法中，变异操作就是某个字符串某一位的值偶然 (概率很小的)、随机地发生改变，即在某些特定位置上简单地把 1 变成 0 或反之。变异操作是沿着位串字符空间的随机移动。变异操作和交叉操作的合理使用，就是一种防止过度成熟而丢失重要概念的保险策略。

表 5.4   随机种群

编号	位串	适配值
1	01101	169
2	11001	625
3	00101	25
4	11100	784

例如，某位串为 01100，如果由于某种原因其第四位发生变异，则变异后该位串变为 01110。根据经验，变异频率为每一千位位串中只变异一位，即变异的概率为 0.001。在表 5.3 所示的种群中，共有 20 个位串字符号，期望的变异串位数为 $20 \times 0.001 = 0.02$ 位，故在该例中无位串值的改变。

例 5.2   设函数 $f(x) = x^2$，x 为整数且 $0 \leqslant x \leqslant 15$，求 $\max(f(x))$。

由于 $0 \leqslant x \leqslant 15$，一个解个体采用二进制编码时，只要 4 位长度就可以 (因为 $(15)_{10} = (1111)_2$)。将 x^2 作为个体 x 的适配值，适配值越大，解的满意度就越高。其他参数设置：解的群体规模 $M = 4$；交配概率 $P_c = 1.0$；变异概率 $P_m = 0.01$；选择机制用轮转法。经过五次迭代，很容易得到函数的全局最优解 1111，即当 x 为 15 时，函数值取最大值 225。

5.2.2   基于 MATLAB 的遗传算法应用实例分析

置换流水车间调度问题 (permutation flowshop scheduling problem, PFSP) 是

流水车间调度中的典型问题之一，也是实际制造系统中重要的规划问题。置换流水车间调度问题被广泛应用于实际生产，尤其适用于单件大批量生产制造企业，可以有效提高企业生产效率与设备利用率。由于工件加工顺序的多样性，置换流水车间调度问题属于典型的 NP 问题 [23]。因此，开发和研究高效的求解算法具有非常重要的理论和实际意义。已有的研究成果表明，粒子群优化算法 [24]、模拟退火算法 (simulated annealing algorithm，SAA) [25]、遗传算法 [26] 和蚁群优化算法 (ant colony optimization algorithm，ACO) [27] 等智能算法均对置换流水车间调度问题得到了最优解或接近最优解。

　　为进一步提高解的质量和收敛速度，这里将改进遗传算法应用于置换流水车间调度问题的求解。首先，目前应用的遗传算法均采用工件排列顺序编码算法中的染色体，重复基因将导致不合法编码，故算法中的交叉和变异算子都比较复杂，本节提出的基于工件优先权值的编码方法可简化交叉、变异算子，并且该编码方式还可以由人工定义工件优先权值，解决紧急生产工件优先加工等实际生产需求问题。其次，考虑到置换流水车间调度问题存在多个局部最优解的特点以及遗传算法求解易 “早熟” 的缺陷，提出一种限优算子，限制种群中最优个体的繁殖数量，将改进的遗传算法称为限优遗传算法 (optimum limited genetic algorithm, OLGA)。最后对基准算例进行仿真试验，证明本节所提算法具有良好的全局寻优能力，求解质量比现有遗传算法优越。

1. 问题描述

　　置换流水车间调度问题的目的是根据设定的目标，确定工件的加工顺序，使所有工件最大完工时间 (makespan) 最短。置换流水车间调度问题具有以下特征：n 个工件以相同顺序在 m 台机器上加工，所有工件在每台机器上的加工顺序也是相同的；同一工件在任一时刻只允许在一台机器上加工；每台机器同时只能加工一个工件；工件在上一个机器加工完成后，立即送到下一台机器加工；工件在每台机器上加工的过程不允许中断 [28]。

　　假设 n 个工件在由 m 台机器组成的置换流水车间进行加工，$t_{i,j}$ 为工件 i 在机器 j 上的加工时间，其中 $i = 1, 2, \cdots, n$，$j = 1, 2, \cdots, m$。$\pi = \{\pi(1), \pi(2), \cdots, \pi(n)\}$ 为 n 个工件的一种加工顺序安排，$C_{[i],j}$ 表示该排序方式下工件 $\pi(i)$ 在机器 j 上的完工时间，则 $C_{[i],j}$ 可按式 (5.1)~式 (5.4) 计算：

$$C_{[1],1} = t_{\pi(1),1} \tag{5.1}$$

$$C_{[1],j} = C_{[1],j-1} + t_{\pi(1),j}, \quad j = 2, 3, \cdots, m \tag{5.2}$$

$$C_{[i],1} = C_{[i-1],1} + t_{\pi(i),1}, \quad i = 2, 3, \cdots, n \tag{5.3}$$

$$C_{[i],j} = \max\{C_{[i],j-1}, C_{[i-1],j}\} + t_{\pi(i),j}, \quad i = 2, 3, \cdots, n; j = 2, 3, \cdots, m \tag{5.4}$$

所有工件最大完工时间 $C_{\max}$ 由最后一个工件完成的时间决定:

$$C_{\max} = C_{[n],m} \tag{5.5}$$

在所有的排序方式中寻找最优的排序方式 π^*,使 $C_{\max}$ 最小,即找到最短最大完工时间 C^*,调度的目标函数为

$$C^* = \min C_{\max} \tag{5.6}$$

2. 置换流水车间调度问题的优先权值编码方法

置换流水车间调度问题求解,首先要解决编码问题,编码的目的主要是使优化问题解的表现形式适宜于用遗传算法运算。文献 [29]~文献 [31] 中置换流水车间调度问题的遗传算法都使用工件加工顺序进行编码,即把一个染色体编码为一组元素为 $1 \sim n$ 的排列,例如,$n = 4$,一个染色体编码为 $(3,4,2,1)$,表示各台机器先加工工件 3,再依次加工工件 4、2、1。此编码方式若采用常规的交叉、变异算子,染色体中出现重复基因,导致不合法的编码。为防止不合法编码出现,各文献中使用的交叉算子都比较复杂,变异算子由禁忌搜索、退火等复杂方法构成,并且这些复杂算子得到的子代有极大的可能性与父代不相似,很难保留父代的优良特性。

本节提出的基于工件优先权值的编码方法,可使遗传算法能够使用常规交叉、变异算子,保证交叉、变异产生的子代继承父代特性。设 v_i 为工件 i 的优先权值,为保证交叉算子的有效性,考虑一般问题的工件数量,经测试后将 v_i 的定义域定为 $[0,2]$。n 个工件的优先权值 $v = \{v_1, v_2, \cdots, v_n\}$,即本节遗传算法的染色体编码。若 $v_a > v_b(a,b \in [1,n])$,则加工顺序中工件 a 在工件 b 之前。例如,$n = 4$,一种加工顺序 π_q 下的编码 $v_{\pi q} = \{0.1234, 0.5675, 1.7342, 1.3765\}$,按大小排序可知,该个体解码得到的加工顺序为 $\pi_q = \{3,4,2,1\}$。若染色体中出现重复基因 $v_c = v_d$,则按工序编号排列,如 $c < d(c,d \in [1,n])$,解码得到的加工顺序为先加工 c 后加工 d。

基于工件优先权值的编码方法使求解实际工程中紧急工件优先加工问题的最优解具有可行性,当某一工件 X_j 需要紧急加工时,将该工件的优先权值 v_j 设为大于 2 的数,且该工件不参与遗传操作,该算法求解结果即能保证 X_j 在各工序均优先加工,得到满足紧急工件优先加工条件的最短最大完工时间和对应的加工顺序。

3. 置换流水车间调度问题的改进遗传算法

置换流水车间调度问题是组合优化的典型问题,其可行解的数量随工件数的增多而骤增,工件数目为 n 的加工方案数为 $n!$。遗传算法是一种以自然进化和选择机制为基础的算法,具有全局近优、快速、易实现等优点,在很多领域得到广泛

应用 [32]，但也存在易早熟和编码困难的缺点。针对易陷入局部最优解的缺陷，本节提出一种具有限优算子的遗传算法——限优遗传算法，该算法的思想是：当算法陷入局部最优点时，消灭种群中大量当前最优个体，防止局部最优种群大量繁殖，确保算法的全局寻优能力，同时保留一个最优个体以防止优秀染色体基因信息丢失。

1) 初始种群的产生

根据实际问题规模，选定种群大小 N，并根据基于优先权值的编码方式，以 $0 \sim 2$ 的随机数，对种群中的染色体个体进行初始化，保证种群个体的多样性。

2) 适应度函数选择算子

在求解置换流水车间调度问题的过程中，根据染色体的编码，即每个工件的优先权值，就可解码得到工件加工顺序，通过式 (5.5) 求出此加工顺序的最大完工时间，本书为寻找最短最大完工时间 $\min C_{\max}$，以 $C_{\max}$ 作为适应度函数。

3) 选择算子

本节所提的改进遗传算法中，把父代种群和交叉、变异操作后的种群 (称为预子代种群) 合并为一个待选择种群，在该种群中随机两两配对进行比较，根据适应度函数保留适应度函数值大的个体，作为子代种群，因此该算法比传统的赌轮选择法、最优保存策略法等能更好地保证种群多样性。在选择的同时，记录该代种群中最优的个体 v^*。

4) 交叉算子

对父代 N 个个体进行随机两两配对，对每一对个体以交叉概率 P_c 进行交叉操作，选择 $1 \sim n - 1$ 的一个交叉位进行单点交叉操作，产生 N 个预子代个体。

5) 变异算子

设变异概率为 P_m，对预子代个体中所有染色体个体循环每一个基因位，产生随机数 w，当 $w \leqslant P_m$ 时，对该位基因进行变异操作，随机产生 $0 \sim 2$ 的一个数赋值给该位，代替原个体。

6) 限优算子

本节提出限优算子，用来解决遗传算法易陷入局部最优解的问题。当连续 g 代种群的最优适应度不变时，计算当前种群中每个个体解码所得加工顺序与该种群中最优个体 v^* 解码所得加工顺序的汉明距离，将汉明距离等于 0 的个体的每个基因位重新以 $0 \sim 2$ 的随机数赋值，即把与当前最优种群相同的个体消灭，让新产生的个体与剩余个体继续进行交叉、变异操作，保证种群个体多样性，避免陷入局部最优点。

在消灭最优个体的同时，将记录的 v^* 放入操作后的种群中，即保留且仅保留一个当前最优个体继续与其他个体进行遗传操作，防止当前优秀基因丢失。

7) 算法步骤

基于以上条件, 限优遗传算法的具体步骤如图 5.1 所示。

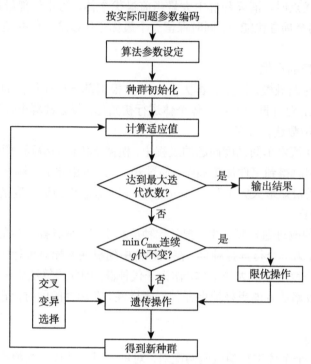

图 5.1　限优遗传算法的流程

4. 试验结果

1) 紧急工件安排能力测试

选择 Carlier 提出的 Car 系列基准测试问题 [33] 中的 Car7($n=7$, $m=7$) 算例测试限优遗传算法中的编码方法在紧急工件优先加工问题上的应用可行性, 这里通过三个不同试验进行验证。

试验 1: 求解 Car7 的最短最大完工时间, 输出对应最优值的甘特图。甘特图横坐标表示加工时间, 各行为各机器加工顺序, 方框表示工件加工时长, 方框内数字表示工件编号。

试验 2: 设定工件 3 的优先权值为 2.5, 求解工件 3 优先加工时的最短最大完工时间, 输出甘特图。

试验 3: 从试验 1 的甘特图中可知无紧急工件时首先加工工件 X, 将此工件权值设为 2.5, 求解工件 X 优先加工时的最短最大完工时间, 输出甘特图, 并与试验 1 的结果进行比较。

图 5.2~图 5.4 分别为试验 1、试验 2、试验 3 所得的甘特图。

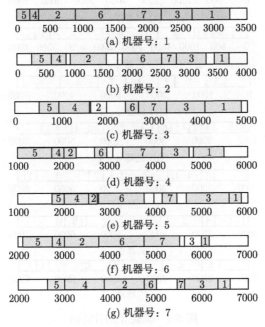

图 5.2　试验 1 的甘特图

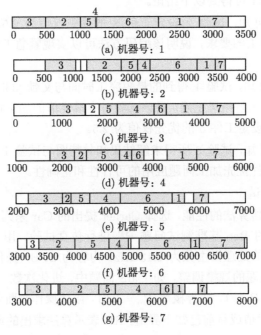

图 5.3　试验 2 的甘特图

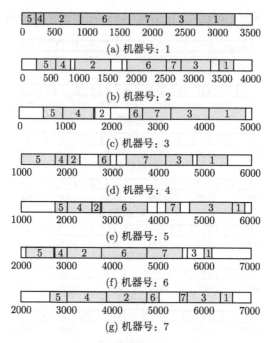

图 5.4　试验 3 的甘特图

由图 5.2~图 5.4 可得到以下结论。

(1) 由图 5.3 可知，试验 2 设定工件 3 的优先权值为 2.5，得到的加工顺序满足工件 3 优先加工的要求，说明该编码方法可以实现紧急工件优先加工问题的求解。

(2) 由图 5.2 可知，试验 1 得到的最短完工时间与文献 [33] 中提供的 Car7 最优值 (6590) 一致，求解结果正确，且该试验对应最优值的加工顺序中工件 5 优先加工，故试验 3 中设定工件 5 的优先权值为 2.5。

(3) 由图 5.4 可知，试验 3 所得求解结果和甘特图与试验 1 一致，这说明了该编码方法在紧急工件优先加工问题应用的可行性和正确性。

2) 算法性能测试

为测试限优遗传算法的性能，选择 Carlier 提出的 Car 系列基准测试问题 [33]，以及 Reeves 提出的 Rec 基准测试问题 [34] 进行仿真试验。用 MATLAB 软件编程实现，硬件环境的处理器主频为 2.13GHz，内存为 2GB，操作系统为 Windows 7。参数设置根据问题的规模调整，如 Car8 问题中，进化次数 $M = 40$，种群规模 $N = 50$，交叉概率 $P_c = 1$，变异概率 $P_m = 0.01$，限优操作判断代数 $g = 5$。

C^* 为问题最优值或目前已知下界值，RE 表示算法求出的最优值 C 与 C^* 的相对误差 (RE= $(C - C^*)/C^* \times 100\%$)。BRE 为最佳相对误差，ARE 为平均相对误差，WRE 为最差相对误差，分别表示对算例独立运行 20 次得到的最佳值、平均值以及最差值与 C^* 的相对误差，以这三个指标评价算法的性能。表 5.5 是本节提出的限优遗传算法（OLGA）与目前已有研究中综合性能优越的综合遗传算法 (comprehensive genetic algorithm, CGA)[35] 和混合启发式遗传算法 (hybrid heuristic genetic algorithm, HGA)[36] 的性能比较 [37]。

表 5.5　OLGA 与 CGA、HGA 的性能比较

问题	n, m	C^*	OLGA			CGA			HGA		
			BRE	ARE	WRE	BRE	ARE	WRE	BRE	ARE	WRE
Car1	11, 5	7038	0	0	0	0	0	0	0	0	0
Car2	13, 4	7166	0	0	0	0	0	0	0	0	0
Car3	12, 5	7312	0	0	0	0	0	0	0	0	0
Car4	14, 4	8003	0	0	0	0	0	0	0	0	0
Car5	10, 6	7720	0	0	0	0	0.08	0.61	0	0	0
Car6	8, 9	8505	0	0	0	0	0.24	0.76	0	0.04	0.76
Car7	7, 7	6590	0	0	0	0	0	0	0	0	0
Car8	8, 8	8366	0	0	0	0	0	0	0	0	0
Rec01	20, 5	1247	0	0.14	0.16	0	0.14	0.16	0	0.14	0.16
Rec03	20, 5	1109	0	0.14	0.18	0	0.14	0.18	0	0.09	0.18
Rec05	20, 5	1242	0	0.18	0.89	0	0.31	1.53	0	0.29	1.13
Rec07	20, 10	1566	0	0.52	1.15	0	0.59	1.15	0	0.69	1.15
Rec09	20, 10	1537	0	0.64	1.43	0	0.79	2.41	0	0.64	2.41
Rec11	20, 10	1431	0	0.52	1.96	0	1.48	2.37	0	1.10	2.59
Rec13	20, 15	1930	0.10	0.72	1.71	0.62	1.52	3.16	0.36	1.68	3.06
Rec15	20, 15	1950	0	0.76	1.38	0.46	1.28	2.87	0.56	1.12	2.00
Rec17	20, 15	1902	1.05	1.85	2.41	1.73	2.69	3.68	0.95	2.32	3.73
Rec19	30, 10	2093	0.47	1.31	1.72	1.09	1.58	2.39	0.62	1.32	2.25
Rec21	30, 10	2017	1.44	1.54	1.64	1.52	1.64	4.56	1.44	1.57	1.64
Rec23	30, 10	2011	0.40	0.49	1.19	0.99	1.74	4.56	0.40	0.87	1.69
Rec25	30, 15	2513	1.67	2.52	3.02	2.74	3.94	6.96	1.27	2.54	3.98
Rec27	30, 15	2373	1.05	1.68	2.57	2.11	3.33	8.51	1.10	1.83	4.00
Rec29	30, 15	2287	0.57	1.89	2.45	1.53	2.59	3.72	1.40	2.70	4.20
Rec31	50, 10	3045	1.14	1.22	2.59	0.49	1.62	2.82	0.43	1.34	2.50
Rec33	50, 10	3114	0.83	0.83	0.83	0.13	0.75	0.83	0	0.78	0.83
Rec35	50, 10	3277	0	0	0	0	0	0	0	0	0
Rec37	75, 20	4951	1.51	3.47	3.55	2.26	3.49	4.43	3.75	4.90	6.18
Rec39	75, 20	5087	0.61	2.29	3.09	1.14	1.93	3.58	2.20	2.79	4.48
Rec41	75, 20	4960	3.19	3.87	4.60	3.27	3.78	4.69	3.64	4.92	5.91

由表 5.5 可得出以下结论。

(1) OLGA 具有很好的优化质量，对 20×10 及以下规模的问题均能得到最优

解，尤其对 Car 系列的基准测试问题能完全得到最优解；对较大规模的问题能够
获得较好的近似最优解，除 Rec31、Rec33 的最佳值比 CGA、HGA 略差外，其他
算例最佳值均显著优于 CGA、HGA。

(2) OLGA 具有很好的稳定性，对较大规模的问题也能使平均值很小，除 Rec33
算例略差外，ARE 均为三种算法中最优，且均没有大于 3%。

(3) OLGA 具有很好的避免陷入局部最优点的能力，除 Rec31 算例求解比 HGA
略差外，最差值全面地显著优于 CGA、HGA，自身波动性小，利于实际应用。

分析可知 Rec31、Rec33 算例算法效果不明显的原因是其局部最优点很难跳
出，限优算子中消灭最优个体后剩下的次优个体群极易带动种群再次陷入局部最
优点，但现实中这样的情况不多。CGA 和 HGA 提出时已证明能够完全优于 NEH
(Nawaz-Enscore-Ham) 方法和传统遗传算法，试验数据证明 OLGA 的求解质量优
于 CGA 和 HGA。

5.2.3　遗传算法的模式理论

模式 (schemata) 是描述种群在位串的某些确定位置上具有相似性的位串子集
的相似性模板 (similarity template)[4]。

在用以表示位串的两个字符的字母表{0,1}中加入一个通配符 "*"，就构成一
个用于表示模式的三个字符的字母表{0,1,*}。因此，用三元素字母表{0,1,*}可构造
出任意一种模式。

一个模式与一个特定位串相匹配：该模式中的 1 与位串中的 1 相匹配，模式中
的 0 与位串的 0 相匹配，模式中的 "*" 可匹配位串中的 0 或 1。例如，模式 00*00
匹配了 2 个位串，即{00100, 00000}；模式 *111* 匹配了 4 个字符串，即{01110,
01111, 11110, 11111}。模式 0*1** 匹配了长度为 5、第一位为 0、第三位为 1 的 8
个位串。

假定字母表的基数是 k，位串的长度为 l，则最大模式数为 $(k+1)^l$。例如，基
数 $k = 2$，位串的长度为 $l = 5$，则最大模式数为 $(k+1)^l = 3^5 = 243$，而同样长度
的确定性位串的数量仅为 $k^l = 2^5 = 32$。因此，一般来说，模式数量要大于位串的
数量。

位串与模式分别定义在不同的集合之上：位串 A 定义在集合 $V=\{0,1\}$ 之上，
而模式 H 定义在集合 $V=\{0,1,*\}$ 之上。位串 A 是全部确定的，而模式 H 是部分
确定的。

模式的位数 $O(H)$ 是指 H 中有定义的非 "*" 位的个数。模式的定义长度
$\delta(H)$ 是指 H 中最两端的有定义位置之间的距离。例如，$H=011*1**$，则 $O(H) =
4$，$\delta(H) = 5 - 1 = 4$；又如，$H=**11***$，则 $O(H) = 2$，$\delta(H) = 4 - 3 = 1$。

下面分别介绍复制、交叉和变异等操作对种群中模式的影响。

1. 复制对模式的影响

设第 t 代种群 $A(t)$ 的规模为 n, 其中包含 m 个特定模式, 记为 $m = m(H, t)$, 在复制完成后, $(t+1)$ 时刻特定模式 H 的数量为

$$m(H, t+1) = m(H, t)nf(H) \Big/ \sum f_i \tag{5.7}$$

$f(H)$ 是在 t 时刻对应于模式 H 的位串的平均适配值, 因为整个种群的平均适配值 $\bar{f}_i = \sum f_i / n$, 式 (5.7) 可改写为

$$m(H, t+1) = m(H, t)f(H) / \bar{f}_i \tag{5.8}$$

经过复制操作, 下一代中特定模式的数量 $m(H, t+1)$ 正比于所在位串的平均值与种群平均适配值的比值, 即适配值高于种群平均值的模式在下一代中的数量将增加, 而低于平均适配值的模式在下一代中的数量将减少。

假设 $f(H) - \bar{f} = c\bar{f}$, c 为大于 0 的常数, 则有

$$m(H, t+1) = m(H, t)(\bar{f} + c\bar{f}) / \bar{f} \tag{5.9}$$

$$m(H, t) = m(H, 0)(1 + c)^t \tag{5.10}$$

显然, 高于平均适配值的模式的数量将呈指数形式增长。但是, 由于复制只是将某些高适配值个体全盘复制, 或淘汰某些低适配值个体, 而不能产生新的模式结构, 所以性能的改进是有限的。

2. 交叉对模式的影响

交叉过程是位串之间有组织的但又随机的信息交换。交叉操作对模式 H 的影响与模式的定义长度 $\delta(H)$ 有关。$\delta(H)$ 越大, 模式 H 被分裂的可能性就越大, 因为交叉操作要随机选择出进行匹配的一对位串上的某一随机位置进行交叉。显然, $\delta(H)$ 越大, H 的跨度就大, 随机交叉点落入其中的可能性就越大, 从而 H 的存活率就降低。

例如, 位串长度 $l = 7$, $A = 0111000$, 则有

$$H_1 = *1 * * * *0, \quad \delta(H_1) = 7 - 2 = 5 \tag{5.11}$$

$$H_2 = * * *10 * *, \quad \delta(H_2) = 5 - 4 = 1 \tag{5.12}$$

如果交叉位置是随机产生的, 则它们对应的模式破坏概率 P_d 分别为

$$H_1 = *1 * | * * *0, \quad P_\mathrm{d} = 5/6 \tag{5.13}$$

$$H_2 = * * *|10 * *, \quad P_\mathrm{d} = 1/6 \tag{5.14}$$

模式 H_1 比模式 H_2 更容易被破坏，即 H_1 将在交叉中被破坏，显然被破坏的可能性 P_d 正比于 $\delta(H_1)$。

综合考虑复制、交叉作用，模式 H 的数量可表示为

$$
\begin{aligned}
m(H, t+1) &= m(H, t)(f(H)/\bar{f})P_s \\
&= m(H, t)(f(H)/\bar{f})(1 - P_c\delta(H)/(l-1)) \quad (5.15)
\end{aligned}
$$

因此，在复制和交叉的综合作用下，模式 H 的数量变化取决于其平均适配值 $\bar{f}$ 的高低，即 $f(H) > \bar{f}$ 或 $f(H) < \bar{f}$，以及定义长度 $\delta(H)$ 的长短，$f(H)$ 越大，$\delta(H)$ 越小，则 H 的数量就越多。

3. 变异对模式的影响

变异是对位串中的单个位置以概率 P_m 进行随机替换，因此可能破坏特定的模式。模式 H 要存活，意味着它所有的确定位置都存活。由于单个位置的基因值存活的概率为 $1 - P_m$ (保持率)，而且每个变异的发生是统计独立的，所以一个特定模式仅当它的 $O(H)$ 个确定位置存活时才存活，即 $1 - P_m$ 自乘 $O(H)$ 次，从而得到经变异后特定模式的存活率为

$$
(1 - P_m)^{O(H)} \approx 1 - O(H)P_m \quad (5.16)
$$

综合考虑复制、交叉和变异操作的共同作用，模式 H 在经历了复制、交叉、变异操作之后，在下一代中的数量可表示为

$$
m(H, t+1) \geqslant m(H, t)(f(H)/\bar{f})(1 - P_c\delta(H)/(l-1))(1 - O(H)P_m) \quad (5.17)
$$

可以近似为

$$
m(H, t+1) \geqslant m(H, t)(f(H)/\bar{f})(1 - P_c\delta(H)/(l-1) - O(H)P_m) \quad (5.18)
$$

综上所述，可得到模式理论和积木块假设，它们构成了遗传算法的理论基础。

模式理论，或称为遗传算法的基本定理：定义长度短的、确定位数少的、平均适配值高的模式数量将随着代数的增加呈指数增长。根据模式理论，随着遗传算法一代代地进行，那些定义长度短的、位数少的、平均适配值高的模式将越来越多，因而可以期望最后得到的位串 (即这些模式的组合) 的性能越来越完善，并最终趋向全局的最优解。

积木块假设：遗传算法通过短定义距、低阶以及高平均适应度的模式 (积木块)，在遗传操作下相互结合，最终接近全局最优解。

模式理论保证了较优模式的样本数呈指数增长，从而使遗传算法找到全局最优解的可能性存在；而积木块假设保证了在遗传算子的作用下能生成全局最优解。

5.2.4　遗传算法的收敛性分析

　　遗传算法要实现全局收敛,首先要求任意初始种群经有限步都能到达全局最优解,其次必须由保优操作来防止最优解的遗失。与算法收敛性有关的因素主要包括种群规模、选择操作、交叉概率和变异概率 [4]。

　　通常情况下,种群太小不能提供足够的采样点,以致算法性能很差;种群太大,尽管可以增加优化信息,阻止早熟收敛的发生,但也会增加计算量,造成收敛时间太长,表现为收敛速度缓慢。

　　选择操作使高适配值个体能够以更大的概率生存,从而提高了遗传算法的全局收敛性。如果在算法中采用最优保存策略,即将父代群体中的最优个体保留下来,不参加交叉和变异操作,使之直接进入下一代,最终可使遗传算法以概率 1 收敛于全局最优解。

　　交叉操作用于个体对,产生新的个体,实质上是在解空间中进行有效搜索。交叉概率太大时,种群中个体更新很快,高适配值的个体很快被破坏掉;交叉概率太小时,交叉操作很少进行,从而会使搜索停滞不前,造成算法的不收敛。

　　变异操作是对种群模式的扰动,有利于增加种群的多样性。但是,变异概率太小很难产生新模式,变异概率太大则会使遗传算法成为随机搜索算法。

　　遗传算法本质上是对染色体模式所进行的一系列运算,即通过选择算子将当前种群中的优良模式遗传到下一代种群中,利用交叉算子进行模式重组,利用变异算子进行模式突变。通过这些遗传操作,模式逐步向较好的方向进化,最终得到问题的最优解。

5.2.5　遗传算法的改进

1. 对编码方式的改进

　　二进制编码的优点在于编码、解码操作简单,交叉、变异等操作便于实现;二进制编码的缺点在于精度要求较高时,个体编码串较长,使算法的搜索空间急剧扩大,遗传算法的性能降低。

　　而格雷编码解决了二进制编码的不连续问题,浮点数编码改善了遗传算法的计算复杂性。

2. 对遗传算子的改进

　　排序选择是对群体中的所有个体按其适应度大小进行降序排序;根据具体求解问题,设计一个概率分配表,将各个概率值按排列次序分配给各个个体;以各个个体所分配到的概率值作为其遗传到下一代的概率,基于这些概率用赌盘选择法来产生下一代群体。

均匀交叉是随机产生一个与个体编码长度相同的二进制屏蔽字 $P = W_1 W_2 \cdots W_n$，按下列规则从 A、B 两个父代个体中产生两个新个体 X、Y：若 $W_i = 0$，则 X 的第 i 个基因继承 A 的对应基因，Y 的第 i 个基因继承 B 的对应基因；若 $W_i = 1$，则 A、B 的第 i 个基因相互交换，从而生成 X、Y 的第 i 个基因。

逆序变异操作如下。

变异前编码为

3 4 8 | 7 9 6 5 | 2 1

变异后编码为

4 8 | 5 6 9 7 | 2 1

3. 对控制参数的改进

一般地，参数的取值范围为：种群规模 $M = 20 \sim 100$，进化代数 $T = 100 \sim 500$，交叉概率 $P_c = 0.4 \sim 0.9$，变异概率 $P_m = 0.001 \sim 0.01$。

自适应遗传算法的核心思想是交叉概率 P_c 和变异概率 P_m 都能够随适应度自动改变。当种群各个个体的适应度趋于一致或趋于局部最优时，P_c 和 P_m 增加；而当种群适应度比较分散时，P_c 和 P_m 减小。对适应值高于群体平均适应值的个体，采用较低的 P_c 和 P_m，使性能优良的个体进入下一代；对低于群体平均适应值的个体，采用较高的 P_c 和 P_m，使性能较差的个体被淘汰。

4. 对执行策略的改进

对执行策略的改进主要有混合遗传算法、免疫遗传算法、小生境遗传算法、单亲遗传算法和并行遗传算法。

5.3 遗 传 编 程

遗传算法虽然具有较强的全局优化能力，但存在不能描述层次化的问题、不能描述计算机程序和缺乏动态可变性等一些局限性。遗传编程，也称为基因编程 (genetic programming, GP)，是一种源于生物进化过程的算法，可以根据问题的需要自动产生问题的描述方法和自动选择相应的计算机程序予以解决，恰好可以方便地描述层次化的问题，具有较强的灵活性和动态可变性 [38]。遗传编程借鉴了自然界生物进化理论和物种遗传的基本思想，是一种自动随机产生搜索程序的方法。遗传编程作为一种新的全局优化搜索算法，以其简单通用、鲁棒性强，且对非线性复杂问题具有很强的求解能力等优点 [39-45]，已广泛应用于许多不同的领域，如动态系统辨识 [45]、数据分类 [46,47]、语义分析 [48-50]、医疗诊断 [51]、边缘检测 [52]、离心式气体压缩机的性能预测 [53] 等，改进的遗传编程算法包括基于混合整数线性规划库搜索的遗传编程算法 [54]、反例驱动的遗传编程算法 [55] 和多基因遗传编程算法等 [56]。

5.3.1　遗传编程的基本思想

遗传编程类似于二进制编码遗传算法，只不过将其中的 "0" 和 "1" 等基因型替换为 $+$、$-$、$*$、$/$ 等操作符，a、b 等常量，以及 x、y 等变量组成的表达式基因，进行相应的表达式基因变换操作，以达到类似遗传算法的搜索优化功能。遗传编程的基本原理示意图如图 5.5 所示。

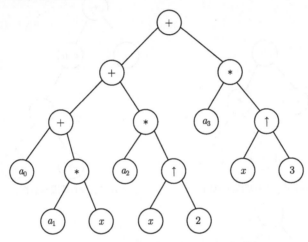

图 5.5　遗传编程的基本原理示意图

遗传编程对应的表现型就是由常数 a_0, a_1, a_2, a_3，自变量 x, x^2, x^3，以及加法、乘法等运算符组合而成的多项式 $a_0 + a_1 x + a_2 x^2 + a_3 x^3$。

例 5.3　表 5.6 列举了一组实测数据 $x_i, y_i (i = 1, 2, \cdots, 17)$，求出它们之间的函数关系 $y = f(x)$。

表 5.6　实测数据 x_i 和 y_i

x_i	97	47	95	84	96	113	24	16	47	37	42	14	23	35	27	85	96
y_i	34	17	28	25	31	52	8	6	14	9	13	3	14	10	9	36	48

通常，进行曲线拟合时首先要决定函数 $f(x)$ 的结构形式，常见的函数形式有

$$\text{直线型} \quad y = a + bx \tag{5.19}$$

$$\text{多项式} \quad y = a + bx + cx^2 + dx^3 \tag{5.20}$$

$$\text{对数型} \quad y = a + \log_b x \tag{5.21}$$

$$\text{指数型} \quad y = a + b^x \tag{5.22}$$

每一代中包含众多的个体，组成这一代的群体。然而，遗传编程类似于遗传算法，在遗传编程中的个体用广义的层状计算机程序表达，它由函数集 F 及终止符集 T 组成。函数集 F 包含 n 个函数：$F = \{f_1, f_2, \cdots, f_i, \cdots, f_n\}$，其中的函数 f_i 可以是 $+$、$-$、$*$、$/$ 等算术运算符或 $\sin$、$\cos$、$\log$、$\exp$ 等标准数学函数。终止符集 T 包含 m 个终止符：$T = \{t_1, t_2, \cdots, t_i, \cdots, t_m\}$，其中的终止符 t_i 可以是 x、y、z 等变量或 a、b、π 等常量。将函数 f_i 和终止符 t_j 组合，可得出类似于图 5.6 中的各种表达式。

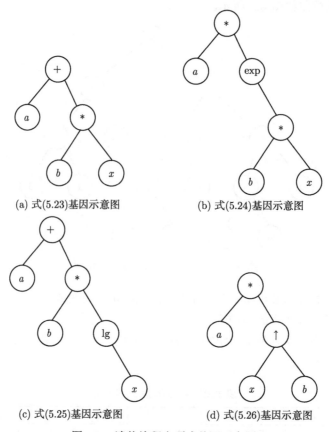

(a) 式(5.23)基因示意图   (b) 式(5.24)基因示意图

(c) 式(5.25)基因示意图   (d) 式(5.26)基因示意图

图 5.6 遗传编程多项式基因示意图

图 5.6 中，遗传编程多项式基因分别对应的多项式为

$$y_1 = a + bx \tag{5.23}$$

$$y_2 = a\mathrm{e}^{bx} \tag{5.24}$$

$$y_3 = a + b\lg x \tag{5.25}$$

$$y_4 = ax^b \tag{5.26}$$

1. 初始群体的形成方法

遗传编程的初始群体用随机的方法产生,从函数集 F 和终止符集 T 中随机选取 f_i 及 t_i 组成各种复杂的数学函数。其中,常数 a、b 可在允许范围内随机取值。

假设初始群体 (第 0 代群体) 如下。

个体 1:$-4.3 + 1.21x$。

个体 2:$0.667e^{0.071x}$。

个体 3:$-12.72 + 1.77\lg x$。

个体 4:$1.242x^{0.76}$。

个体的适应度是衡量个体优劣的主要尺度。在本例中,适应度就是个体表达式逼近真实解的近似程度。表 5.7 列举了初始种群中四个个体的计算值与实测值,采用误差绝对值总和作为每个个体的适应度。

表 5.7　第 0 代群体的适应度

序号	自变量 x	实测值 y	个体 1	个体 2	个体 3	个体 4
1	97	34	113.0700	653.3	-4.6228	40.185
2	47	17	52.5700	18.8	-5.9052	23.1695
3	95	28	110.6500	566.8	-4.6596	39.5541
4	84	25	97.3400	259.6	-4.8775	36.0225
5	96	31	111.8600	608.5	-4.6411	39.8701
6	113	52	132.4300	2034.6	-4.3525	45.1296
7	24	8	24.7400	3.7	-7.0948	13.9022
8	16	6	15.0600	2.1	-7.8125	10.2153
9	47	14	52.5700	18.8	-5.9052	23.1695
10	37	9	40.4700	9.2	-6.3287	19.3177
11	42	13	46.5200	13.2	-6.1043	21.2712
12	14	3	12.6400	1.8	-8.0489	9.5595
13	23	14	23.5300	3.4	-7.1702	13.4597
14	35	10	38.0500	8.0	-6.4270	18.5188
15	27	9	28.3700	4.5	-6.8864	15.2040
16	85	36	98.5500	278.7	-4.8565	36.3480
17	96	48	111.8600	608.5	-4.6411	39.8701
	误差绝对值总和		753.280	4789.4	457.3344	118.5183
	平均适应度			1529.6		

从表 5.7 可知，个体 2 的误差最大，性能最差；个体 4 的误差最小，性能最佳。第 0 代群体的平均适应度为 1529.6。

2. 复制操作

类似于遗传算法，达尔文的 "优胜劣汰、适者生存" 的自然法则也可用于遗传编程中。每一代群体的优良个体被复制进入下一代群体，而劣质个体被淘汰。为了选择复制对象，可采用遗传算法中的比例选择法 (轮盘选择法)，使适应度高的优良个体尽量被复制，但也不排除个别劣质个体被破格录用。

在本例中，个体 2 被淘汰，个体 4 被复制代替个体 2。于是，复制后的第 1 代群体如下。

个体 1: $-4.3 + 1.21x$。

个体 2: $1.242x^{0.76}$。

个体 3: $-12.72 + 1.77\lg x$。

个体 4: $1.242x^{0.76}$。

3. 交换操作

交换是将两个个体的组分互换，繁衍出两个新的个体。在交换时，首先用轮盘选择法随机选择两个优良个体作为父代个体，然后在两个个体中各随机选取一个交换点，将交换点以后的部分进行交换。在本例中，假设个体 1 和个体 4、个体 2 和个体 3 进行交换，交换点分别用下划线 "＿" 标记。

交换前的四个个体分别如下。

个体 1: $-4.3 + 1.21\underline{x}$。

个体 2: $1.242\underline{x^{0.76}}$。

个体 3: $-12.72 + 1.77\underline{\lg x}$。

个体 4: $1.242\underline{x^{0.76}}$。

交换后的四个个体分别如下。

个体 1: $-4.3 + 1.21x^{0.76}$。

个体 2: $1.242\lg x$。

个体 3: $-12.72 + 1.77x^{0.76}$。

个体 4: $1.242x$。

遗传编程多项式的交换操作示意图如图 5.7 所示。

第 1 代群体的适应度如表 5.8 所示。

由表 5.8 可知，经过复制和交换操作后，个体 2 的误差从第 0 代的 4789.4 减少至 276.2250，第 1 代群体的平均适应度 (327.1040) 与第 0 代群体的平均适应度 (1529.6) 相比也有很大的改善。

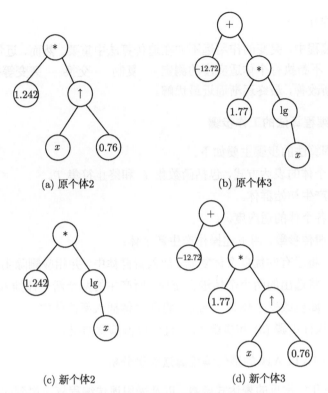

(a) 原个体2 (b) 原个体3

(c) 新个体2 (d) 新个体3

图 5.7 遗传编程多项式的交换示意图

表 5.8 第 1 代群体的适应度

序号	自变量 x	实测值 y	个体 1	个体 2	个体 3	个体 4
1	97	34	34.85	5.6818	44.5490	120.4740
2	47	17	18.2725	4.7819	20.2993	58.3740
3	95	28	34.2350	5.6559	43.6494	117.9900
4	84	25	30.7944	5.5031	38.6164	104.3280
5	96	31	34.5429	5.6689	44.0998	119.2320
6	113	52	39.6668	5.8714	51.5951	140.3460
7	24	8	9.2440	3.9471	7.0923	29.8080
8	16	6	5.6521	3.4436	1.8381	19.8720
9	47	14	18.2725	4.7819	20.2993	58.3740
10	37	9	14.5200	4.4848	14.8100	45.9540
11	42	13	16.4231	4.6422	17.5940	52.1640
12	14	3	4.6917	3.2777	0.4332	17.3880
13	23	14	8.8129	3.8943	6.4617	28.5660
14	35	10	13.7417	4.4157	13.6716	43.4700
15	27	9	10.5123	4.0934	8.9475	33.5340
16	85	36	31.1115	5.5178	39.0802	105.5700
17	96	48	34.5429	5.6689	44.0998	119.2320
误差绝对值总和			75.3138	276.2250	99.2013	857.6760
平均适应度				327.1040		

4. 突变操作

在遗传编程中，突变的作用远不如在遗传算法中重要。然而，近年来突变已日益受到重视。不断执行个体适应度的测定 — 复制 — 交换 — 突变等操作，可使群体的素质不断改善，最终逐渐逼近最优解。

5.3.2 遗传编程算法的工作步骤

遗传编程算法的步骤主要如下。

(1) 确定个体的表达方式，包括函数集 F 和终止符集 T。

(2) 随机产生初始群体。

(3) 计算各个体的适应度。

(4) 根据遗传参数，用下述操作产生新个体：

① 复制。将已有的优良个体复制，加入新群体中，并相应删除劣质个体。

② 交换。将选出的两个个体进行交换，所产生的两个新个体插入新群体中。

③ 突变。随机改变个体某一部分，将新个体插入新群体中。

(5) 反复执行步骤 (3) 和步骤 (4)，直至取得满意结果。

5.3.3 基于 MATLAB 的遗传编程算法实例分析

下面给出几种常见的表达式函数，以及采用遗传编程算法得到的结果。

例 5.4   函数集 F 为 $\{*, /, +, -\}$，终止符集 T 为 $\{a\}$。a 取 10 个不同的值时，表达式函数 $f(a)$ 取值分别如表 5.9 所示。

表 5.9   函数自变量和因变量取值 (例 5.4)

a	2.81	6	7.043	8	10	11.38	12	14	15	20
$f(a)$	95.2425	1554	2866.55	4680	11110	18386	22620	41370	54240	168420

采用遗传编程，选择迭代次数为 50 代，种群个数为 30 个，运行 100 次，终止允许绝对误差为 0.01，最后求得的表达式树如图 5.8 所示。

$$+$$
$$++$$
$$--+*$$
$$+++/--+*$$
$$*/aa++aa-aaa*aaa$$
$$aaaaaaaaaaaa$$

图 5.8   例 5.4 对应的表达式树

图 5.8 所示的表达式树也可简化为如图 5.9 所示的表达式树。

```
++
***a
/a*a*/
*aaa**aa
aaaaaa
```

图 5.9　例 5.4 对应的简化后的表达式树

由图 5.8 和图 5.9 可知，对应的表达式函数为

$$f(a) = a^4 + a^3 + a^2 + a \tag{5.27}$$

例 5.5　函数集 F 为 $\{*,/,+,-\}$，终止符集 T 为 $\{a\}$。a 取 10 个不同的值时，表达式函数 $f(a)$ 取值分别如表 5.10 所示。

表 5.10　函数自变量和因变量取值 (例 5.5)

a	1	2	3	4	5	6	7	8	9	10
$f(a)$	15	129	547	1593	3711	7465	13539	22737	35983	54321

采用遗传编程，选择迭代次数为 100 代，种群个数为 60 个，运行 100 次，终止允许绝对误差为 0.01，最后求得的表达式树如图 5.10 所示。

```
+
+-
+*-a
++*+--
a***aa++/*aa
*+*a*+aaaaaaaa
++/*+/a*-a
aaaaaaaa//aaaaaaaaaa
```

图 5.10　例 5.5 对应的表达式树

由图 5.10 可知，对应的表达式函数为

$$f(a) = 5a^4 + 4a^3 + 3a^2 + 2a + 1 \tag{5.28}$$

5.4　本 章 小 结

本章首先介绍了遗传算法及复制、交叉和变异等基本操作；通过实例分析解释了这些操作的具体做法，针对置换流水车间的调度问题提出了改进的遗传算法解决方案，并通过仿真试验验证了改进的遗传算法相比传统算法的优越性。然后进一步扩展介绍了遗传编程算法及其复制、交换、突变等基本操作，通过实例解释了这些操作的具体做法，针对函数优化问题分析了遗传编程算法的应用实例。

参 考 文 献

[1] 孙家泽, 王曙燕. 群体智能优化算法及其应用[M]. 北京: 科学出版社, 2017.

[2] 汤可宗, 杨静宇. 群智能优化方法及应用[M]. 北京: 科学出版社, 2015.

[3] 雷秀娟. 群智能优化算法及其应用[M]. 北京: 科学出版社, 2012.

[4] Simon D. 进化优化算法: 基于仿生和种群的计算机智能方法[M]. 陈曦, 译. 北京: 清华大学出版社, 2018.

[5] Cheng J R, Gen M. Accelerating genetic algorithms with GPU computing: A selective overview[J]. Computers & Industrial Engineering, 2019, 128: 514-525.

[6] 陈国良，王煦法，庄镇泉，等. 遗传算法及其应用[M]. 北京：人民邮电出版社, 1996.

[7] Filho P P R, Silva S P P, Praxedes V N, et al. Control of singularity trajectory tracking for robotic manipulator by genetic algorithms[J]. Journal of Computational Science, 2019, 30: 55-64.

[8] Pak T C, Ri Y C. Optimum designing of the vapor compression heat pump using system using genetic algorithm[J]. Applied Thermal Engineering, 2019, 147: 492-500.

[9] Lee C K H. A review of applications of genetic algorithms in operations management[J]. Engineering Applications of Artificial Intelligence, 2018, 76: 1-12.

[10] Pattanaik J K, Basu M, Dash D P. Improved real coded genetic algorithm for dynamic economic dispatch[J]. Journal of Electrical Systems and Information Technology, 2018, 5(3): 349-362.

[11] Bhoskar T, Kulkarni O K, Kulkarni N K, et al. Genetic algorithm and its applications to mechanical engineering: A review[J]. Materials Today: Proceedings, 2015, 2(4-5): 2624-2630.

[12] Shahi B, Dahal S, Mishra A, et al. A review over genetic algorithm and application of wireless network systems[J]. Procedia Computer Science, 2016, 78: 431-438.

[13] Karakati S, Podgorelec V. A survey of genetic algorithms for solving multi depot vehicle routing problem[J]. Applied Soft Computing, 2015, 27: 519-532.

[14] Pourvaziri H, Naderi B. A hybrid multi-population genetic algorithm for the dynamic facility layout problem[J]. Applied Soft Computing, 2014, 24: 457-469.

[15] Bukharov O E, Bogolyubov D P. Development of a decision support system based on neural networks and a genetic algorithm[J]. Expert Systems with Applications, 2015, 42(15-16): 6177-6183.

[16] 巩敦卫, 孙晓燕. 协同进化遗传算法理论及应用[M]. 北京：科学出版社, 2009.

[17] 孙晓燕, 巩敦卫, 徐瑞东. 高级交互式遗传算法理论与应用[M]. 北京：科学出版社, 2012.

[18] 包子阳, 余继周, 杨杉. 智能优化算法及其 MATLAB 实例[M]. 2 版. 北京: 电子工业出版社, 2018.

[19] 雷英杰, 张善文. MATLAB 遗传算法工具箱及应用[M]. 2 版. 西安: 西安电子科技大学出版社, 2015.

[20] 鱼滨，张善文，郭宽，等. 基于 MATLAB 和遗传算法的图像处理[M]. 西安：西安电子科技大学出版社, 2015.

[21] 包子阳. 基于 MATLAB 的遗传算法及其在稀布阵列天线中的应用[M]. 北京：电子工业出版社，2017.

[22] 刘金锟. 智能控制[M]. 4 版. 北京：电子工业出版社，2017.

[23] Garey M R, Johnson D S, Sethi R. The complexity of flowshop and jobshop scheduling[J]. Mathematics of Operations Research, 1976, 1(2): 117-129.

[24] 张其亮，陈永生，韩斌. 改进的粒子群算法求解置换流水车间调度问题[J]. 计算机应用, 2012, 32(4): 1022-1024, 1029.

[25] Daya M B, Fawsan M A. A tabu search app roach for the flowshop scheduling problem[J]. European Journal of Operational Research, 1996, 109(1): 160-175.

[26] Low C, Yeh J Y, Huang K. A robust simulated annealing heuristic for flow shop scheduling problems[J]. International Journal of Advanced Manufacturing Technology, 2004, 13(23): 762-767.

[27] 刘延风，刘三阳. 置换流水车间调度的蚁群优化算法[J]. 计算机应用, 2008, 28(2): 302-304.

[28] 涂雪平，施灿涛，李铁克. 求解置换流水车间调度问题的改进遗传算法[J]. 计算机工程与应用, 2009, 45(36): 50-53, 70.

[29] Duan J H, Zhang M, Qiao G Y, et al. A genetic algorithm for permutation flowshop scheduling with total flowtime criterion[C]. Proceedings of the Chinese Control and Decision Conference, Mianyang, 2011: 1514-1517.

[30] Iyer S K, Saxena B. Improved genetic algorithm for the permutation flowshop scheduling problem[J]. Computer and Operations Research, 2004, 31(4): 593-606.

[31] Ishibuchi H, Murata T. A multi-objective genetic local search algorithm and its application to flowshop scheduling[J]. IEEE Transactions on Systems, Man and Cybernetics, Part C: Applications and Reviews, 1998, 28(3): 392-403.

[32] Ruiz R, Maroto C. A comprehensive review and evaluation of permutation flowshop heuristics[J]. European Journal of Operational Research, 2005, 165(2): 479-494.

[33] Carlier J. Ordonnancements a contraintes disjonctives[J]. RAIRO-Operations Research, 1978, 12(4): 333-351.

[34] Reeves C R. A genetic algorithm for flowshop sequencing[J]. Computers and Operations Research, 1995, 22(1): 5-13.

[35] 王凌. 车间调度及其遗传算法[M]. 北京：清华大学出版社, 2003.

[36] Wang L, Zheng D Z. An effective hybrid heuristic for flowshop scheduling[J]. International Journal of Advanced Manufacturing Technology, 2003, 21(1): 38-44.

[37] 李小缤，白焰，耿林霄. 求解置换流水车间调度问题的改进遗传算法[J]. 计算机应用, 2013, 33(12): 3576-3579.

[38]　Mehr A D, Nourani V, Kahya E, et al. Genetic programming in water resources engineering: A state-of-the-art review[J]. Journal of Hydrology, 2018, 566: 643-667.

[39]　徐哲. 基于遗传编程的非单调非线性系统辨识[D]. 北京: 华北电力大学, 2002.

[40]　白焰, 蒋毅恒, 朱耀春, 等. 基于遗传编程的火电厂主汽温系统建模研究[J]. 系统仿真学报, 2008, 20(4): 1076-1079.

[41]　朱耀春, 白焰, 蒋毅恒. 基于 GEP 和 GA 技术的非线性系统辨识研究[J]. 信息与控制, 2007, 36(5): 592-596, 603.

[42]　朱耀春, 白焰, 蒋毅恒. 基于基因表达式编程的非线性系统辨识研究[J]. 系统仿真学报, 2008, 20(7): 1842-1845, 1875.

[43]　蒋毅恒, 白焰, 朱耀春, 等. 遗传编程的 C ++语言实现研究[J]. 计算机应用与软件, 2008, 25(2): 213-214, 260.

[44]　蒋毅恒. 基于遗传编程的协调控制系统建模和设计[D]. 北京: 华北电力大学, 2008.

[45]　朱耀春. 基于基因表达式编程技术的非线性系统辨识研究[D]. 北京: 华北电力大学, 2008.

[46]　Nyathi T, Pillay N. Comparison of a genetic algorithm to grammatical evolution for automated design of genetic programming classification algorithms[J]. Expert Systems with Applications, 2018, 104: 213-234.

[47]　Alberto C, Bartosz K. Evolving rule-based classifiers with genetic programming on GPUs for drifting data streams[J]. Pattern Recognition, 2019, 87: 248-268.

[48]　Dou T T, Rockett P I. Comparison of semantic-based local search methods for multiobjective genetic programming[J]. Genetic Programming and Evolvable Machines, 2018, 19(4): 535-563.

[49]　Luna J M, Pechenizkiy M, Jesús M J, et al. Mining context-aware association rules using grammar-based genetic programming[J]. IEEE Transactions on Cybernetics, 2018, 48(11): 3030-3044.

[50]　Chu T H, Nguyen Q U, Michael O N. Semantic tournament selection for genetic programming based on statistical analysis of error vectors[J]. Information Sciences, 2018, 436-437: 352-366.

[51]　Fathi A, Sadeghi R. A genetic programming method for feature mapping to improve prediction of HIV-1 protease cleavage site[J]. Applied Soft Computing, 2018, 72: 56-64.

[52]　Fu W L, Xue B, Zhang M J, et al. Fast unsupervised edge detection using genetic programming[J]. IEEE Computation Intelligence Magazine, 2018, 13(4): 46-58.

[53]　Safiyullah F, Sulaiman S A, Naz M Y, et al. Prediction on performance degradation and maintenance of centrifugal gas compressors using genetic programming[J]. Energy, 2018, 158: 485-494.

[54]　Huynh Q N, Chand S, Singh H, et al. Genetic programming with mixed-integer linear programming-based library search[J]. IEEE Transactions on Evolutionary Computation, 2018, 22(5): 733-747.

[55] Bladek I, Krawiec K, Swan J. Counterexample-driven genetic programming: Heuristic program synthesis from formal specifications[J]. Evolutionary Computation, 2018, 26(3): 441-469.

[56] Pedrino E C, Yamada T, Lunardi T R, et al. Islanding detection of distributed generation by using multi-gene genetic programming based classifier[J]. Applied Soft Computing, 2019, 74: 206-215.

第6章 基于 CSAD_FWA 的离散时间微分平坦自抗扰控制律参数优化

本章将探索改进的烟花搜索算法及其在离散时间微分平坦自抗扰控制律参数优化中的应用问题，通过计算机仿真和基于 PLC 的试验平台对其设定值跟踪能力和扰动抑制能力进行验证。

6.1 离散时间微分平坦自抗扰控制律

6.1.1 引言

微分平坦理论是 20 世纪 90 年代由 Fliess 等针对非线性系统提出的 [1]。平坦特性是被控动态系统的一种普遍存在的特性，无论是在线性和非线性系统、连续和离散系统、单变量和多变量系统、有限维系统甚至无限维系统中都可以发现平坦特性，它的独特性有助于简化控制器的设计任务和轨迹规划问题。目前，微分平坦理论已经被广泛应用于各种领域。文献 [2] 根据微分平坦理论设计控制策略，使得直流侧电压具有抗干扰能力强、鲁棒性好等优点。文献 [3] 全面阐述了微分平坦理论的基本概念和发展现状，以及其在自动发电控制领域中的应用，研究结果表明，基于微分平坦理论的自动发电控制策略更能保证发电的频率质量。文献 [4] 利用微分平坦算法研究了四旋翼飞行器的鲁棒跟踪问题，通过仿真和试验结果验证了该算法的有效性。

近年来，文献 [5] 和文献 [6] 提出了微分平坦自抗扰控制 (differential flat active disturbance rejection control, DFADRC) 律。该控制律相对于线性自抗扰控制来说更具有一般适用性，尤其是相对于非线性系统的控制来说显得更为明显。北京理工大学夏元清团队针对自主陆地车辆横向运动中的欠驱动、非线性、较大不确定性等问题提出了一种基于自抗扰控制 (active disturbance rejection control, ADRC) 和微分平坦理论的控制方法，通过小角度近似，动态模型被线性化，并找到了平坦的输出，仿真结果表明了控制策略的有效性 [7]。文献 [8] 将微分平坦自抗扰控制方法应用于同时存在未知不确定性外部扰动、时变参数、过程测量噪声的不确定系统，通过直流电动机等三个实例验证了该算法的有效性。文献 [9] 针对永磁同步电机探索了微分平坦自抗扰控制律的设计问题，并通过试验验证了该方法的可行性和有效性。文献 [10] 中介绍了一种基于平坦理论的分散自抗扰控制方法，对解决四水箱多变量水位控制问题有很好的控制效果。

　　自抗扰控制算法的能力是有限的, 虽然凭借强鲁棒性和抗干扰能力可应用在很多控制领域 [11,12], 但是如果想要只采用一组参数就达到控制所有对象的目的, 几乎是不可能的, 因此参数整定是自抗扰控制算法推广应用中的一个重要部分。ADRC 的参数整定是在已经确定其结构的情况下, 通过改变参数以达到控制性能最优的目的。近年来, 国内外控制领域的研究学者一直致力于解决 ADRC 参数整定方面的问题, 最初的整定方法大多采用分离性原则 [13], 即先整定跟踪微分器和扩张状态观测器中的参数, 这是因为跟踪微分器中的参数可以根据系统闭环过渡过程整定, 扩张状态观测器可以根据被控对象状态的要求来整定; 然后将两者与控制律的参数进行综合, 整定出控制律的参数。经验试凑法是 ADRC 的传统整定方法, 这主要依靠试验人员多次反复的尝试 [14]。尽管 ADRC 自身的鲁棒性可以降低整定时的难度, 但是由于其中需要整定的参数繁多, 参数之间互相影响, 参数取值范围难以确定等, 想要通过协调组合的方式试凑出能够达到最优控制效果的控制器参数, 无疑是一项非常困难的工作 [15]。

　　经过研究人员多年来的努力, 许多利用智能优化算法对控制器参数进行整定的方法逐渐取代了传统的试凑法。这种整定方法将控制器中需要调节的参数看作一个整体, 利用智能优化算法的优点对所有待整定参数进行整体优化。这种 “整体式” 的整定方法通用性强, 精确度高, 且不依赖于具体问题, 能够很好地解决自抗扰控制器参数整定的问题 [16]。常用的一些智能优化算法包括蚁群优化算法 [17]、混沌粒子群优化算法 [18]、免疫遗传算法 [19]、杂草入侵算法 [20]、交叉熵算法 [21] 和人工蜂群算法 [22,23] 等。

6.1.2　微分平坦系统的概念

　　微分平坦理论最开始是在微分代数领域被提出的。20 世纪 90 年代, Fliess 针对非线性系统提出了微分平坦理论这一概念 [1]。针对一般情况, 考虑有限维非线性多变量系统。

　　设有一个如下形式的 n 阶系统:

$$\dot{x} = f(x, u), \quad y = h(x, u), \quad x \in \mathbf{R}^n, \quad u \in \mathbf{R}^m, \quad y \in \mathbf{R}^k \tag{6.1}$$

如果存在矩阵

$$\xi = \Phi(x, \dot{x}, \cdots, x^{(\varpi)}), \quad \xi \in \mathbf{R}^m \tag{6.2}$$

使得系统所有的状态变量和输入变量都可以由 ξ 及其有限阶导数的组合表示为

$$x = \Theta(\xi, \dot{\xi}, \cdots, \xi^{(\alpha)}) \tag{6.3}$$

$$u = \Psi(\xi, \dot{\xi}, \cdots, \xi^{(\beta)}) \tag{6.4}$$

式中，ϖ、α、β 为有限整数值，那么称这个系统为微分平坦系统，ξ 是系统的一个平坦输出。

针对线性时不变系统，无论是单变量还是多变量，平坦特性和可控性是等价的，也就是说在这种情况下可以观测到一组平坦输出 [24]。

很明显，系统的输出矢量 y 是关于状态矩阵 x 和输入矩阵 u 的函数，因此输出矢量 y 也可以由 ξ 及其有限阶导数的组合表示。

考虑一个单输入–单输出线性时不变系统：

$$\dot{x} = Ax + bu, \quad x \in \mathbf{R}^n, \, u \in \mathbf{R} \tag{6.5}$$

若令该系统是可控的，那么以下卡尔曼矩阵的秩为 n：

$$K = [b \; Ab \; \cdots \; A^{n-1}b] \tag{6.6}$$

假设状态空间矩阵 A 的特征多项式为

$$p(s) = s^n + \gamma_{n-1}s^{n-1} + \cdots + \gamma_1 s + \gamma_0 \tag{6.7}$$

令状态矩阵 $x = Kz$，则式 (6.5) 可表示为如下形式：

$$\dot{z} = Gz + gu \tag{6.8}$$

式中

$$G = K^{-1}AK, \quad g = K^{-1}b \tag{6.9}$$

通过能控矩阵 K 及其逆变换的一系列运算，可以得到式 (6.8) 更为直观的表达式为

$$
\begin{aligned}
\dot{z}_1 &= u - \gamma_0 z_n \\
\dot{z}_2 &= z_1 - \gamma_1 z_n \\
&\vdots \\
\dot{z}_{n-1} &= z_{n-2} - \gamma_{n-2} z_n \\
\dot{z}_n &= z_{n-1} - \gamma_{n-1} z_n
\end{aligned}
\tag{6.10}
$$

不难发现 $\xi = z_n$ 就是系统的平坦输出，系统中所有状态变量及控制量输入都能够由平坦输出 ξ 及其有限阶导数表示，即

$$
\begin{aligned}
z_1 &= \xi^{(n-1)} + \gamma_{n-1}\xi^{(n-2)} + \cdots + \gamma_2 \dot{\xi} + \gamma_1 \xi \\
&\vdots \\
z_{n-3} &= \xi^{(3)} + \gamma_{n-1}\ddot{\xi} + \gamma_{n-2}\dot{\xi} + \gamma_{n-3}\xi \\
z_{n-2} &= \ddot{\xi} + \gamma_{n-1}\dot{\xi} + \gamma_{n-2}\xi \\
z_{n-1} &= \dot{\xi} + \gamma_{n-1}\xi \\
z_n &= \xi
\end{aligned}
\tag{6.11}
$$

从式 (6.10) 的第一行可知，控制量输入 u 也被微分参数化为以下形式：

$$u = \xi^{(n)} + \gamma_{n-1}\xi^{(n-1)} + \cdots + \gamma_1\dot{\xi} + \gamma_0\xi \tag{6.12}$$

至此可以得出，式 (6.5) 所示的系统是微分平坦系统，ξ 是系统的一个微分平坦输出变量，即

$$\xi = z_n = (0,\ 0,\ \cdots,\ 1)K^{-1}x \tag{6.13}$$

6.1.3　微分平坦自抗扰控制律

下面针对典型二阶被控对象介绍微分平坦自抗扰控制律 [5]。

设典型二阶被控对象为

$$\ddot{y} + a_1\dot{y} + a_0 y = bu + \eta \tag{6.14}$$

式中，y 为系统输出；u 为控制量信号；a_1、a_0、b 分别为被控对象模型的未知参数；η 为系统的外部扰动。

根据 6.1.2 节的分析可知，该系统是微分平坦系统，系统输出 y 就是一个平坦输出。

为了缓解接下来所设计的扩张状态观测器的跟踪压力，本节考虑已知被控对象模型的部分参数标称值 $\bar{a}_0$、$\bar{a}_1$。当系统存在未知外部扰动时，式 (6.14) 中的被控对象模型可改写为如下形式：

$$\ddot{y} + \bar{a}_1\dot{y} + \bar{a}_0 y = f(y, \dot{y}, u, \eta) + b_0 u \tag{6.15}$$

式中，$f(y, \dot{y}, u, \eta) = (\bar{a}_1 - a_1)\dot{y} + (\bar{a}_0 - a_0)y + \eta + (b - b_0)u$，$b_0$ 为参数 b 的估计值。

在自抗扰控制器模型中，$f(y, \dot{y}, u, \eta)$ 代表系统的总扰动，由系统内部动态不确定性和外部扰动两部分构成。如果这个总扰动能够通过扩张状态观测器准确估计，并由非线性状态误差反馈控制律消除，那么这个系统可以简化为一个双积分串联型结构，使复杂的控制问题得以简化。

设计基于微分平坦理论的自抗扰控制器，假设系统总扰动 f 可微，$x = [y\ \dot{y}\ f]^{\mathrm{T}}$ 是扩张状态观测器中被估计的变量，则式 (6.15) 中被控对象的状态空间模型为

$$\begin{cases} \dot{x} = Ax + Bu + E\dot{f} \\ y = Cx \end{cases} \tag{6.16}$$

式中

$$A = \begin{bmatrix} 0 & 1 & 0 \\ -\bar{a}_0 & -\bar{a}_1 & 1 \\ 0 & 0 & 0 \end{bmatrix}, \quad B = \begin{bmatrix} 0 \\ b_0 \\ 0 \end{bmatrix}, \quad E = \begin{bmatrix} 0 \\ 0 \\ 1 \end{bmatrix}, \quad C = \begin{bmatrix} 1 & 0 & 0 \end{bmatrix}$$

设计连续时间扩张状态观测器如下：

$$
\begin{cases}
\dot{\hat{x}} = A\hat{x} + Bu + L(y - \hat{y}) \\
\hat{y} = C\hat{x}
\end{cases}
\tag{6.17}
$$

通过选择合适的扩张状态观测器增益矩阵 $L = \begin{bmatrix} l_1 & l_2 & l_3 \end{bmatrix}^{\mathrm{T}}$，可以实现对上述被估计变量的实时跟踪，即 $\hat{x}_1 \longrightarrow y$, $\hat{x}_2 \longrightarrow \dot{y}$, $\hat{x}_3 \longrightarrow f(y, \dot{y}, u, \eta)$。为了方便起见，通常将观测器特征方程的根均设置在同一位置 $-\omega_{\mathrm{o}}$ 处，即

$$
\lambda(s) = |sI - (A - LC)| = (s + \omega_{\mathrm{o}})^3
\tag{6.18}
$$

由此，可以得到状态观测器增益矩阵为

$$
L = \begin{bmatrix} l_1 \\ l_2 \\ l_3 \end{bmatrix} = \begin{bmatrix} 3\omega_{\mathrm{o}} - \bar{a}_1 \\ 3\omega_{\mathrm{o}}^2 - 3\bar{a}_1\omega_{\mathrm{o}} + \bar{a}_1^2 - \bar{a}_0 \\ \omega_{\mathrm{o}}^3 \end{bmatrix}
$$

式中，ω_{o} 为扩张状态观测器的带宽，且 $\omega_{\mathrm{o}} > 0$。

接下来设计反馈控制律，令

$$
u = \frac{u_0 - \hat{x}_3 + \bar{a}_1\hat{x}_2 + \bar{a}_0\hat{x}_1}{b_0}
\tag{6.19}
$$

如果 $\hat{x}_1$、$\hat{x}_2$、$\hat{x}_3$ 可以分别实时准确跟踪 y、$\dot{y}$ 和 $f(y, \dot{y}, u, \eta)$，那么该控制系统可以简化成双积分型串联结构：

$$
\ddot{y} \approx u_0
\tag{6.20}
$$

给定平坦输出 y 的期望跟踪值 y^*，定义误差信号 $e(t) = y^*(t) - y(t)$，由于该系统是二阶微分平坦系统，设计如下线性反馈控制律：

$$
u_0 = \ddot{y}^* + \delta_1(\dot{y}^* - \hat{x}_2) + \delta_0(y^* - \hat{x}_1)
\tag{6.21}
$$

从而得到闭环误差特征方程为

$$
p(s) = s^2 + \delta_1 s + \delta_0 = 0
\tag{6.22}
$$

误差信号能最终稳定到 0 的条件是当且仅当选择合适的反馈控制律的系数使得闭环系统特征多项式满足赫尔维茨定理，即特征多项式 $p(s)$ 的所有特征根都在 s 域的左半平面：

$$
p(s) = s^2 + \delta_1 s + \delta_0 = s^2 + 2\zeta_{\mathrm{c}}\omega_{\mathrm{c}} s + \omega_{\mathrm{c}}^2
\tag{6.23}
$$

由此可以得到控制器增益为 $\delta_1 = 2\zeta_c\omega_c$, $\delta_0 = \omega_c^2$。其中, ω_c 为控制器带宽, 且 $\omega_c > 0$, ζ_c 为 $[0, 1]$ 的数, 通常取为 1。

通过式 (6.17)、式 (6.19) 和式 (6.21) 可以得到微分平坦自抗扰控制器的结构如图 6.1 所示。图中, μ_c 是控制量输入端 u 的扰动, μ_o 是系统输出量 y 的噪声。

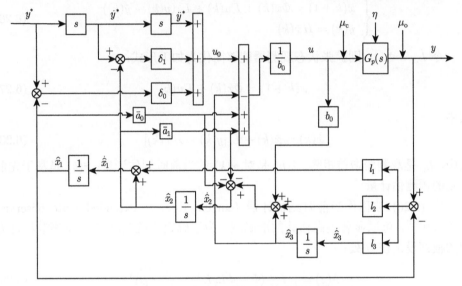

图 6.1　微分平坦自抗扰控制器的结构图

本章所研究的被控对象是一个带有三叶风扇的伺服电机, 经辨识获得其标称模型为 [25]

$$G_{\mathrm{p}}(s) = \frac{0.3737}{s^2 + 1.2055s + 0.3753} \tag{6.24}$$

6.1.4　微分平坦自抗扰控制律离散化

1. 扩张状态观测器离散化

首先采用 Euler 法对式 (6.16) 中的状态空间模型进行离散化 [26], 得到

$$\begin{cases} x(k+1) = \Phi x(k) + \Gamma u(k) \\ y(k) = H x(k) \end{cases} \tag{6.25}$$

式中

$$\Phi = AT + 1 = \begin{bmatrix} 1 & T & 0 \\ -\bar{a}_0 T & 1 - \bar{a}_1 T & T \\ 0 & 0 & 1 \end{bmatrix}$$

$$\Gamma = BT = \begin{bmatrix} 0 & b_0T & 0 \end{bmatrix}^{\mathrm{T}}, \quad H = C = \begin{bmatrix} 1 & 0 & 0 \end{bmatrix}$$

其中，T 是离散采样时间。

进一步构造离散时间扩张状态观测器：

$$\begin{cases} \bar{x}(k+1) = \Phi\bar{x}(k) + \Gamma u(k) + L_{\mathrm{d}}(y(k) - \bar{y}(k)) \\ \bar{y}(k) = H\bar{x}(k) \end{cases} \tag{6.26}$$

令 $L_{\mathrm{d}} = \Phi L_{\mathrm{c}}$，则扩张状态观测器能够简化为如下形式：

$$\bar{x}(k+1) = \Phi\hat{x}(k) + \Gamma u(k) \tag{6.27}$$

其中

$$\hat{x}(k) = \bar{x}(k) + L_{\mathrm{c}}[y(k) - H\bar{x}(k)] \tag{6.28}$$

式中，L_{c} 是观测器增益矩阵；$\hat{x}(k)$ 是对 $x(k)$ 的当前时刻估计量；$\bar{x}(k)$ 是基于先前时刻的预测估计量。

式 (6.26) 被称作当前时刻估计器 (current discrete extended state observer, CDESO)[26]，可以显著提高估计的准确度。为了确定增益矩阵 L_{c}，将离散特征方程的根都设定在 β 处：

$$\lambda(z) = |zI - (\Phi - \Phi L_{\mathrm{c}}H)| = (z - \beta)^3 \tag{6.29}$$

离散时间特征方程的根 β 与连续时间特征方程的根 $-\omega_{\mathrm{o}}$ 之间的关系可以描述为

$$\beta = \mathrm{e}^{-\omega_{\mathrm{o}}T} \tag{6.30}$$

令增益矩阵 $L_{\mathrm{c}} = \begin{bmatrix} l_1 & l_2 & l_3 \end{bmatrix}^{\mathrm{T}}$，通过解式 (6.29) 可以得到

$$\begin{cases} l_1 = \dfrac{\bar{a}_0T^2 - \bar{a}_1T + 1 - \beta^3}{\bar{a}_0T^2 - \bar{a}_1T + 1} \\ l_2 = \dfrac{3 - \bar{a}_1T - l_1 - 3\beta}{T} \\ l_3 = \dfrac{3\beta^2 - \bar{a}_1Tl_1 + 2\bar{a}_1T + 2l_1 + Tl_2 - 3 - \bar{a}_0T^2 + \bar{a}_0T^2l_1}{T^2} \end{cases} \tag{6.31}$$

至此，实现了扩张状态观测器的离散化。

2. 基于 PLC 的离散时间扩张状态观测器设计

由于试验验证过程中利用前一周期的值计算下一时刻的值，所以将循环中断块的周期定为 100ms。通过设定这样的延迟环节可以保证试验的逻辑正确性，同时也可以保证离散的精度。CDESO 功能块如图 6.2 所示。

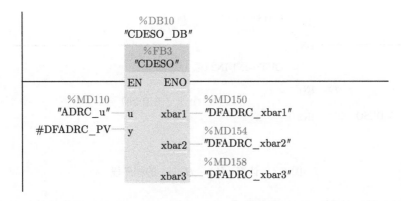

图 6.2　CDESO 功能块

由于在自抗扰控制方法中扩张状态观测器是最重要的一部分，所以首先设计一个离散时间扩张状态观测器功能块。在西门子 PLC(S7-1200) 组态软件 STEP 7 中利用梯形图语言编写程序，CDESO 功能块的输入为控制量 u 和实时转速 y，输出为三个跟踪值 $\hat{x}_1$、$\hat{x}_2$ 和 $\hat{x}_3$，如图 6.3 所示。

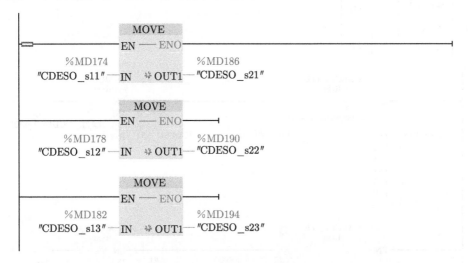

图 6.3　堆栈环节的程序段

在 CDESO 功能块内部编写控制逻辑，首先为了将上一个周期结束后获得的 $\bar{x}(k+1)$ 保存至 $\bar{x}(k)$ 留作本周期计算用，采用 MOVE 模块进行堆栈，通过执行中断块的循环功能，每隔 100ms 进行一次重新运算，这样就避免了上一周期数据由于被覆盖而无法利用的情况。图 6.3 中，s_{11} 代表 $\bar{x}(k+1)$，s_{21} 代表 $\bar{x}(k)$。具体程序段如图 6.4 所示。

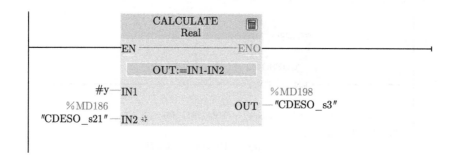

图 6.4   计算 $y(k) - H\bar{x}(k)$ 的程序段

图 6.4 所示的程序段可以实现式 (6.28) 中 $y(k) - H\bar{x}(k)$ 部分的计算功能，即

$$s_3(k) = y(k) - \begin{bmatrix} 1 & 0 & 0 \end{bmatrix} \begin{bmatrix} s_{21}(k) \\ s_{22}(k) \\ s_{23}(k) \end{bmatrix}。$$

图 6.5 所示的程序段可以实现式 (6.28) 中 $L_c[y(k) - H\bar{x}(k)]$ 部分的计算功能，即

$$\begin{bmatrix} s_{41}(k) \\ s_{42}(k) \\ s_{43}(k) \end{bmatrix} = \begin{bmatrix} l_1 \\ l_2 \\ l_3 \end{bmatrix} s_3(k)。$$

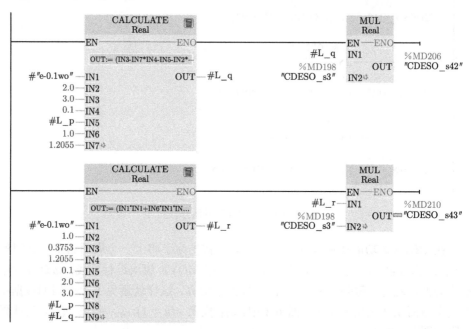

图 6.5   计算 $L_c[y(k) - H\bar{x}(k)]$ 的程序段

图 6.6 所示的程序段可以实现式 (6.28) 的计算功能, 也就是计算扩张状态观

测器的三个跟踪输出值, 即 $\begin{bmatrix} s_{51}(k) \\ s_{52}(k) \\ s_{53}(k) \end{bmatrix} = \begin{bmatrix} s_{21}(k) \\ s_{22}(k) \\ s_{23}(k) \end{bmatrix} + \begin{bmatrix} s_{41}(k) \\ s_{42}(k) \\ s_{43}(k) \end{bmatrix}$。

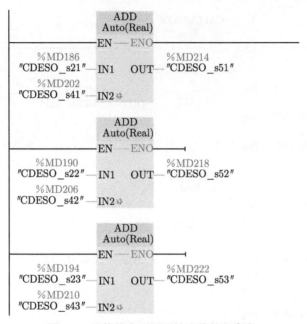

图 6.6　计算状态观测器输出值的程序段

利用 MOVE 模块对计算得到的扩张状态观测器的跟踪值进行赋值输出, 如图 6.7 所示。

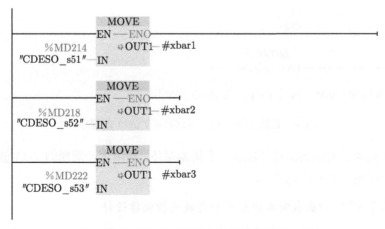

图 6.7　CDESO 输出赋值的程序段

图 6.8 所示的程序段可以实现式 (6.27) 中 $\bar{x}(k+1) = \Phi\hat{x}(k) + \Gamma u(k)$ 的计算功能，即

$$\begin{bmatrix} s_{11}(k+1) \\ s_{12}(k+1) \\ s_{13}(k+1) \end{bmatrix} = \Phi \begin{bmatrix} s_{51}(k) \\ s_{52}(k) \\ s_{53}(k) \end{bmatrix} + \Gamma u(k)。$$

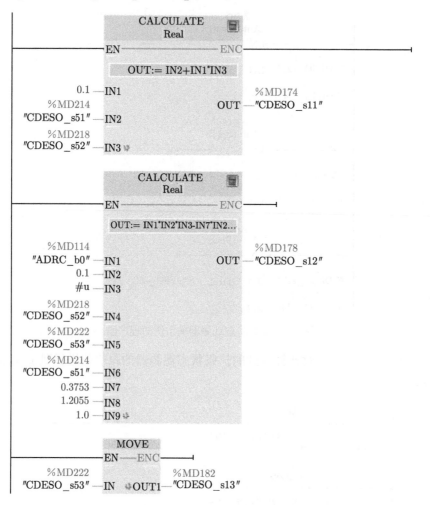

图 6.8　计算 $\bar{x}(k+1) = \Phi\hat{x}(k) + \Gamma u(k)$ 的程序段

至此完成了 CDESO 功能块的一个周期循环，利用上一周期的 $\bar{x}(k)$ 值计算得到了下一周期 $\bar{x}(k+1)$ 的值。

3. 基于 PLC 的离散时间微分平坦自抗扰控制律设计

图 6.9 所示的程序段可以实现对转速设定值的软化功能，TON 模块为接通

延时计时器，通过该程序段可以获得一个 2.5s 内转速从零到设定值大小的平滑输入。

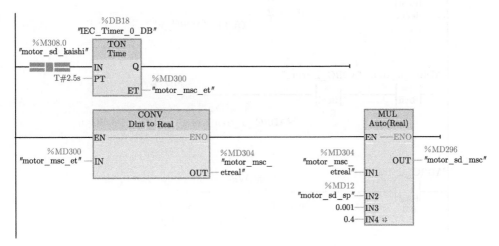

图 6.9　转速设定值的软化功能程序段

　　图 6.10 所示为 DFADRC 功能块，输入为电机转速设定值和电机实时转速值，输出为控制量，即对伺服驱动器的输出。DFADRC 功能块内部包含 CDESO 功能块，利用转速设定值和扩张状态观测器跟踪输出值，并通过线性误差反馈控制律可得到控制量 u。

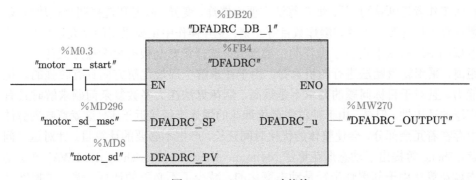

图 6.10　DFADRC 功能块

　　本试验中 PLC 输出的转速指令为 0~10V 的电压模拟信号，线性对应伺服驱动器 0~5000r/min 的转速值。由于转速过快会产生安全隐患，为安全起见，试验中利用图 6.11 所示的转速限定功能程序段限制最大转速为 4000r/min。

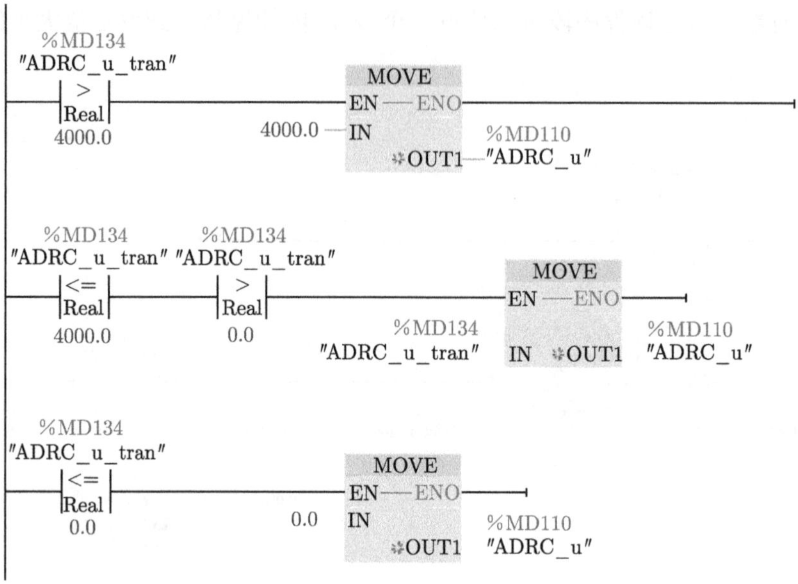

图 6.11　转速限定功能的程序段

6.2　混沌模拟退火动态烟花优化算法及仿真实例

6.2.1　动态烟花算法

烟花算法 (fireworks algorithm, FWA) 凭借其多样性、简洁性等优点，被广大科研工作者逐渐认可 [27]。烟花算法主要由爆炸、变异、映射和选择四个模块组成。爆炸算子包含爆炸半径和爆炸数目等元素；变异操作中主要采用的是高斯变异；映射规则中随机映射占据了操作的主要部分；选择策略是根据每个爆炸火花之间的距离，采用轮盘赌法进行随机选择。由于在求解全局最优解方面具有较强的寻优能力，且对于目标问题的要求不是很高，烟花算法在大多数复杂问题求解时具有广泛的适用性。但是，由于种群中最优烟花的爆炸半径接近于零，这就意味着算法中存在着冗余部分，会使整体的优化时间延长，产生不必要的计算量。针对这一问题，Zheng 等提出了动态烟花算法 (dynamic fireworks algorithm, dynFWA) [28]。动态烟花算法由于其爆炸半径是动态变化的，减少了不必要的计算，缩短了搜索时间，大大提高了优化性能。

虽然动态烟花算法在求解全局最优解方面有着较强的寻优能力，但是其在扩大烟花种群多样性和提高收敛速度方面还有很多不足。为了进一步提高动态烟花算法的优化性能，本节将混沌思想和模拟退火算法与之相结合，形成混沌模拟退火动态烟花算法 (chaotic simulated annealing dynamic fireworks algorithm, CSAD_FWA)。

混沌搜索策略利用产生的混沌序列对整个搜索区间进行不重复的遍历，可以很好地实现随机性和遍历性，使系统表现出完全混沌的状态，同时对每一次迭代产生的最优值进行混沌化 [29]。模拟退火算法的核心思想是以特定的概率接受劣质解，能够使算法跳出局部最优并实现全局优化，这有助于减少计算量，提高搜索到最优解的速度 [30]。将混沌搜索策略和模拟退火算法与动态烟花算法相结合，不但增加了算法的全局搜索能力，而且解决了搜索过程中收敛速度慢的问题 [31]。

　　假设待优化问题的性能指标为 $\min f(x) \in \mathbf{R}, x \in \Omega$，其中 Ω 是可行域。初始化一定数量的烟花 M，并对每一个烟花的适应度值进行计算。在动态烟花算法中，烟花种群被分成两部分：核心烟花 (具有最优适应度值) 和非核心烟花。对于非核心烟花，爆炸数目和爆炸范围分别根据式 (6.32) 和式 (6.33) 计算：

$$S_i = E_n \times \frac{y_{\max} - f(x_i) + \varepsilon}{\sum\limits_{i=1}^{M} (y_{\max} - f(x_i)) + \varepsilon} \tag{6.32}$$

$$A_i = E_r \times \frac{f(x_i) - y_{\min} + \varepsilon}{\sum\limits_{i=1}^{M} (f(x_i) - y_{\min}) + \varepsilon} \tag{6.33}$$

式中，E_n 和 E_r 分别控制烟花爆炸的数量和最大半径；$y_{\max} = \max(f(x_i))$ 和 $y_{\min} = \min(f(x_i))$ 表示烟花的所有适应度值中的最大 (最差) 值和最小 (最佳) 值，$i = 1, 2, \cdots, M$；ε 表示系统可识别的最小值。

　　对于核心烟花，其爆炸半径可根据动态搜索策略进行调整。当在烟花种群中找到更低适应度值时，核心烟花的爆炸半径根据式 (6.34) 增加为

$$\hat{A}_{\mathrm{CF}} = A_{\mathrm{CF}} C_a \tag{6.34}$$

式中，C_a 为放大系数。

　　相反地，核心烟花的爆炸半径根据式 (6.35) 减小为

$$\hat{A}_{\mathrm{CF}} = A_{\mathrm{CF}} C_r \tag{6.35}$$

式中，C_r 为收缩系数。核心烟花的爆炸数目仍然按照式 (6.32) 进行计算。

　　为了避免算法在最优适应度值位置产生过多的爆炸火花，以及避免在非最优适应度值位置产生的火花颗粒太少，动态烟花算法根据以下准则限制产生的火花数量：

$$S_i = \begin{cases} \mathrm{round}(aE_n), & S_i < aE_n \\ \mathrm{round}(bE_n), & S_i > bE_n \\ \mathrm{round}(S_i), & \text{其他} \end{cases} \tag{6.36}$$

式中，a 和 b 为爆炸数目的限制因子；函数 round($\cdot$) 可以将元素四舍五入到最接近的整数。

对于一个 D 维的优化问题，可以通过随机选择 z 个维度 ($z \in D$) 来获得每一个火花的位置 x_i。对于其中的每一个维度 k，火花位置通过式 (6.37) 确定：

$$x_i^k = x_i^k + A_i\text{round}(-1, 1) \tag{6.37}$$

当得到的火花位置超出了当前维度的边界时，将通过式 (6.38) 的规则重新映射出一个新位置：

$$x_i^k = x_{\text{LB}}^k + (x_{\text{UB}}^k - x_{\text{LB}}^k)\text{round}(-1, 1) \tag{6.38}$$

式中，x_{LB}^k 和 x_{UB}^k 分别是维度 k 的下边界和上边界。

为了将烟花种群中的优秀信息传给下一代，动态烟花算法会在候选者集合中选择一定数量的烟花作为下一代的个体。对于数量为 M 的种群，候选者中适应度值最优的个体肯定会被选择到下一代，而剩下的 $M - 1$ 个烟花将通过轮盘赌法的方式在候选者集合中挑选。任意一个元素 x_i 被选择的可能性将通过式 (6.39) 和式 (6.40) 决定：

$$R(x_i) = \sum_{j \in K} d(x_i, x_j) = \sum_{j \in K} ||x_i - x_j|| \tag{6.39}$$

$$p(x_i) = \frac{R(x_i)}{\sum_{j \in K} R(x_j)} \tag{6.40}$$

式中，K 为当前所有烟花和火花数量的集合。

6.2.2 混沌模拟退火动态烟花算法

混沌搜索思想是利用 Logistic 模型产生一组混沌序列，根据规则将序列值映射到待优化问题中生成初始值，进而搜索最优解。混沌优化算法的优点在于其随机性、遍历性和初值敏感性。混沌中的随机性与普通的随机性不同，其更具有规律性和有效性，这些优点都无疑会显著提高算法的优化性能。

模拟退火算法是模拟热力学中高温物体的退温过程，在初始时刻，物体温度高，其内部原子处于高速运动状态，但是会一直朝着使能量最低的状态运动，这与优化算法中使目标函数实现最小值的原理是一样的。模拟退火算法始终采用 Metropolis 接收准则进行 "产生新解 — 计算得到适应度差值 — 判断 — 接受或舍弃" 这一系列迭代过程，随着退火过程的继续，内部原子到达低能量状态，物体降温结束，这就意味着优化算法寻找到了最优值。在模拟退火算法中，能量最低状态代表最优解，冷却过程代表温度参数的下降 [30]。

　　将混沌模拟退火算法与动态烟花算法相结合，可以在提高算法收敛性和稳定性等方面发挥各自的优势 [31]。混沌模拟退火动态烟花算法的基本步骤如下。

　　步骤 1　初始化烟花种群数量、最大迭代次数，利用混沌思想初始化种群位置。

　　步骤 2　标记适应度值最优的烟花个体为核心烟花。

　　步骤 3　初始化模拟退火的初始温度、终止温度和退火因子。

　　步骤 4　对核心烟花进行扰动，若扰动后的适应度值更优，则更新核心烟花位置；若扰动前的适应度值更优，则仍然以一定的概率接受新解。

　　步骤 5　退火操作，若当前温度大于终止温度，则转到步骤 4；否则，停止搜索。

　　步骤 6　对核心烟花和非核心烟花进一步进行爆炸操作，产生爆炸火花。

　　步骤 7　通过轮盘赌法选择下一代烟花种群。

　　步骤 8　若达到最大迭代次数，则停止搜索；否则，转到步骤 2。

　　在混沌模拟退火动态烟花算法中，利用式 (6.41) 产生一组混沌序列并初始化一定数量的烟花，通过计算烟花位置的适应度确定初始时刻最优烟花的位置和最优适应度值：

$$\begin{cases} z_i(N+1) = 4 \times z_i(N) \times (1 - z_i(N)) \\ z_i(N) \in (0,1), \quad i = 1,2 \end{cases} \tag{6.41}$$

式中，N 为当前的迭代次数。

　　退火初始温度 $T_{\max}$ 由初始时刻最优适应度值决定：

$$T_{\max} = -\frac{\text{fitness}(X_{\text{best}})}{\log(0.2)} \tag{6.42}$$

式中，X_{best} 代表最优烟花的位置。

　　在混沌模拟退火动态烟花算法中，退火因子 $\eta(0 < \eta < 1)$ 影响初始温度 $T_{\max}$ 的减小速度。退火初始温度对于全局搜索性能是一个非常重要的影响因素，$T_{\max}$ 越大，全局搜索能力越强，但是搜索时间会增加；相反地，搜索时间减少，但是全局搜索效果会不乐观。在步骤 4 中提到的一定概率值由公式 $e^{-\Delta/T} > \text{rand}(0, 1)$ 决定，其中 T 为当前时刻温度，Δ 为核心烟花受到扰动后产生的新个体与核心烟花之间适应度的差值。

6.2.3　优化算法的仿真实例

　　为验证混沌模拟退火动态烟花算法 (CSAD_FWA) 的性能，本节选取五个经典测试函数 (表 6.1) 进行试验，得到最优值和优化时间，并与动态烟花算法 (dynFWA) 进行比较，分析改进后的算法在搜索全局最优值和搜索速度等方面的效果。所有试验均在笔记本电脑 (Windows 10, i7-6500U, 2.50GHz, 8GB) 上通过 MATLAB R2014a 完成。

表 6.1　经典测试函数

函数名称	函数公式	搜索范围	理论最优值
Sphere	$f_1 = \sum_{i=1}^{D} x_i^2$	$[-5.12,\ 5.12]^D$	0
Rastrigin	$f_2 = \sum_{i=1}^{D} [x_i^2 - 10\cos(2\pi x_i) + 10]$	$[-5.12,\ 5.12]^D$	0
Schaffer	$f_3 = 0.5 + \dfrac{\left(\sin\sqrt{x_1^2 + x_2^2}\right)^2 - 0.5}{[1 + 0.001(x_1^2 + x_2^2)]^2}$	$[-10,\ 10]$	0
Griewank	$f_4 = \sum_{i=1}^{D} \dfrac{x_i^2}{4000} - \prod_{i=1}^{D} \cos\left(\dfrac{x_i}{\sqrt{i}}\right) + 1$	$[-600,\ 600]^D$	0
Alpine	$f_5 = \sum_{i=1}^{D} |x_i \sin(x_i) + 0.1x_i|$	$[-10,\ 10]^D$	0

表 6.2 中列出了两种优化算法的参数设置情况，为了确保进行对比的两种优化算法之间的公平性，将其主要参数设置相同。

表 6.2　两种优化算法的参数设置情况

算法名称	参数设置
dynFWA	变量维度为 2，烟花数量为 100，迭代次数为 200，爆炸半径为 10000，爆炸数目为 5，核心烟花放大系数为 1.5，收缩系数为 0.1，爆炸数目限制因子 $a = 0.3$，$b = 0.8$，$\varepsilon = 1 \times 10^{-8}$
CSAD_FWA	各参数与 dynFWA 设置相同，终止退火温度 $T_{\min} = 0$，退火因子 $\eta = 0.9$

下面分别利用动态烟花算法和混沌模拟退火动态烟花算法对五组经典测试函数进行寻优。表 6.3 为记录的测试结果，测试指标为优化后的最优值和优化所用的时间。

表 6.3　对五组经典测试函数的寻优结果

函数	测试指标	dynFWA	CSAD_FWA
f_1	最优值	4.706404×10^{-13}	0
	时间/s	0.493350	0.489993
f_2	最优值	9.430678×10^{-12}	4.766498×10^{-16}
	时间/s	0.459081	0.438110
f_3	最优值	7.943646×10^{-7}	0
	时间/s	0.521982	0.517301
f_4	最优值	7.396040×10^{-3}	1.110223×10^{-15}
	时间/s	0.459372	0.466997
f_5	最优值	1.456043×10^{-7}	0
	时间/s	0.450372	0.356401

对表 6.3 中的数据进行对比分析可以发现,混沌模拟退火动态烟花算法相较于动态烟花算法在搜索精度上有了明显的改进,可以有效地防止算法陷入局部最优值,同时寻优时间也缩短了很多。

6.3　基于 PLC 的智能优化算法试验平台简介

6.3.1　系统结构示意图

为验证混沌模拟退火动态烟花优化算法在离散时间微分平坦自抗扰控制律参数优化中的应用效果,本节构建基于 PLC S7-1200 的试验平台对其进行验证[32,33]。首先,进行硬件和通信部分搭建,实现系统数字量和模拟量之间的通信,试验平台主要包括电源系统、PLC 模块、伺服驱动器和伺服电机四部分。然后,将微分平坦自抗扰控制律进行离散化,利用智能优化算法对其进行参数优化,采用优化后的参数值仿真验证控制律的性能。最后,在 PLC 中利用梯形图语言编写控制逻辑程序块,并在主机上设计组态画面,输入优化后的控制器参数,搭配伺服电机和三叶风扇完成转速控制。智能优化算法试验平台的结构如图 6.12 所示。

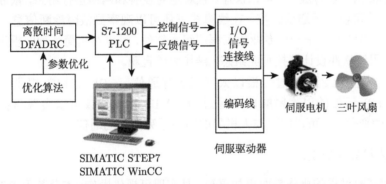

图 6.12　智能优化算法试验平台的结构示意图

本节采用西门子公司生产的 S7-1200 系列 PLC,其具体型号为 6ES7 214-1AG40-0XB0。该 PLC 的 CPU 型号为 1214C DC/DC/DC,包含 14 路 24V DC 数字量输入通道,其系统默认地址为 I0.0～I0.7 和 I1.0～I1.5;10 路 24V DC 数字量输出通道,其系统默认地址为 Q0.0～Q0.7 和 Q1.0～Q1.1;2 路模拟量输入通道,地址为 IW64 和 IW66。由于模拟量输入通道接收的是 0～10V 电压信号,满量程情况下对应的数字范围是 0～27648,这是西门子公司规定的固定值,当遇到输入电压为负值的情况时,模拟量输入通道只能采集到范围的下限,也就是 0。由于该 PLC 没有模拟量输出通道,为了满足伺服控制要求,在 S7-1200 正面卡槽内额外添加一个单路 SB 1232 AQ 模拟量输出信号板,其型号为 6ES7 232-4HA30-0XB0,默认地址为 QW80，具有超上/下限和短路断线诊断功能。该信号板输出为 ±10V 电压，可以在组态画面中建立一个与底层逻辑进行信号传递的变量，输出 −27648 ～ +27648 的数字值，通过量程转换为 −10 ～+10V 电压值，将电压信号传给伺服驱动器就可以实现对伺服电机的转速控制。

本试验采用台达集团研发的 ASD-A2-0121-M 型伺服驱动器，其额定输入功率为 100W，输入电压为 AC220V。试验中应用的 CN1 连接端子信号线负责与上位控制器传递 I/O 信号，CN2 为编码器连接器，与伺服电机相连，另外还有供电用的电力线。CN1 信号线将 PLC 与伺服驱动器相连，接收 PLC 传递的控制指令，为了达到精确的速度控制要求，本书采用 S 速度控制模式，通过主机控制 PLC 输出一个模拟量电压信号，其大小为 −10 ～ +10V，对应伺服电机转速为 −5000 ～ +5000r/min，从而达到控制伺服电机转速的目的，其中电压信号和转速值呈线性关系，转速为负值代表电机反转。

本试验采用全集成自动化 (totally integrated automation, TIA) 解决方案，其中包含 SIMATIC STEP 7 Basic 和面向任务的人机界面 (human machine interface, HMI) 智能组态软件 SIMATIC WinCC Basic。STEP 7 是一种编程软件，本章使用梯形图语言进行编程，可以快速、直观地对设备和网络进行组态，依靠简单的线条语言就可以实现通信连接，在线模式下还可以观察到故障诊断信息。WinCC 包含在 STEP 7 中，是一款专业的工程用组态软件，可以对精简系列面板进行高效组态，利用该软件设计监控画面组态，操作简单直观。

PLC 与主机之间通过一根以太网线进行通信，CPU 1214C 提供一个支持 PROFINET 通信的以太网端口，通过 TCP/IP 标准协议可以实现与编程软件 STEP 7 的通信，也可以实现与人机界面精简系列面板的通信。

6.3.2　人机界面的设计

为使试验过程的操作界面更加直观，且实现可视化操作，本节基于 WinCC 软件进行监控画面组态设计，主要包括主界面、开环转速控制界面、DFADRC 控制界面和扩张状态观测器输出跟踪界面等，并设置画面切换按钮实现界面之间的切换功能。

1. 主界面

在试验的初始阶段打开的就是主界面，如图 6.13 所示。通过这个界面可以实现控制模式的选择，如本试验所采用的就是速度控制模式。除此之外，还可以实现伺服驱动系统的状态监控功能，当"启动"为绿色时，伺服电机可以启动，单击"开始"按钮，则电机开始启动；当"停止"为红色时，电机处于停止状态。界面下方有"开环转速控制界面"和"DFADRC 控制界面"界面切换按钮，运行状态下单击按钮会有相应的界面被激活。

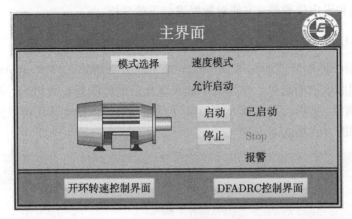

图 6.13　主界面

2. 开环转速控制界面

　　开环转速控制界面如图 6.14 所示,在此可以实现伺服电机的开环控制功能。界面的左侧部分包含电机"正转"和"反转"控制按钮,"设定值"处可以对伺服电机的转速进行设置,"实际转速"处显示的是底层逻辑反馈的伺服电机的实时转速值,此外还包括一组画面切换按钮。为了使电机转速信息更加直观,在界面右侧添加了趋势曲线画面图和表格视图。在趋势曲线画面图中,红线表示电机转速设定

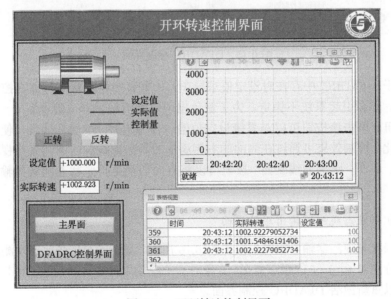

图 6.14　开环转速控制界面

值，黑线表示电机实时转速值，蓝线表示实时控制量。表格视图中分别显示了电机实时转速值和设定值数据，方便对数据进行下载分析。

3. DFADRC 控制界面

DFADRC 控制界面如图 6.15 所示，单击界面左侧的"启动"和"停止"按钮可以控制伺服电机的启停。在界面中输入优化后的控制器参数值后，单击"启动DFADRC 调节"按钮可以实现 DFADRC 控制，通过输入扰动项还可以实现对控制器扰动抑制能力的测试。

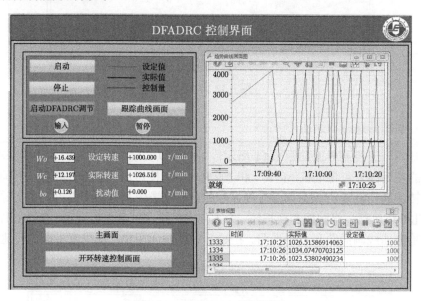

图 6.15 DFADRC 控制界面

由于 DFADRC 中存在对设定值求导项，如果直接将阶跃信号加在控制器的输入端，则会引起系统不稳定。为了避免出现这种情况，本试验设置了一个"输入"按钮，单击该按钮可以对系统设定值输入信号进行"软化"处理，使系统输入平滑化。控制效果可通过在界面的右侧添加的趋势曲线画面图和表格视图中直观展示。单击"跟踪曲线画面"按钮可以将界面切换至扩张状态观测器输出跟踪界面。

4. 扩张状态观测器输出跟踪界面

扩张状态观测器输出跟踪界面如图 6.16 所示，显示的是扩张状态观测器的三个输出分别对 y、$\dot{y}$、f 的跟踪情况，方便对其跟踪效果进行直观判断。单击"返回"按钮可以重新激活 DFADRC 控制界面。

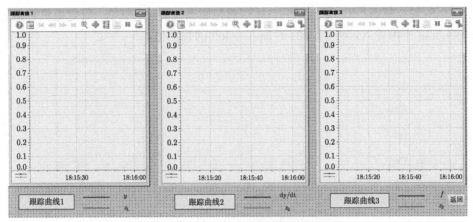

图 6.16　扩张状态观测器输出跟踪界面

6.4　基于 CSAD_FWA 的离散时间 DFADRC 参数优化仿真验证

为了在所设计的试验平台中更加准确、高效地完成测试，节省在线调节参数的时间，本节首先在 MATLAB/Simulink 中进行仿真试验，利用 CSAD_FWA 对控制器参数进行整定，得到优化的控制参数后再在所设计的 PLC 平台监控画面中输入，以此进行控制试验[34,35]。

本节利用前面所提到的 CSAD_FWA 优化离散时间微分平坦自抗扰控制率参数 ω_{o}、ω_{c}、b_0，被控对象模型为 $G(s) = \dfrac{0.3737}{s^2 + 1.2055s + 0.3753}$，优化指标采用时间乘以误差绝对值积分 (ITAE)[36]，即

$$\mathrm{Fitness_{ITAE}} = \int_0^\infty t\,|e(t)|\,\mathrm{d}t \tag{6.43}$$

基于控制器参数的取值范围，这里将优化区间设置为：$\omega_{\mathrm{o}} \in (0,\ 50)$，$\omega_{\mathrm{c}} \in (0,\ 50)$，$b_0 \in (0.0971, 1.7007)$。CSAD_FWA 参数设置如下：变量维度 $D = 3$，烟花数量 $M = 100$，迭代次数 $N = 100$，爆炸半径 $E_r = 10000$，爆炸数目 $E_n = 5$，核心烟花放大系数 $C_a = 1.5$，收缩系数 $C_r = 0.1$，爆炸数目限制因子 $a = 0.3$、$b = 0.8$，终止退火温度 $T_{\min} = 0$，模拟退火因子 $\eta = 0.9$。系统输入设定为 $1000\mathrm{r/min}$，基于 CSAD_FWA 的离散时间微分平坦自抗扰控制率参数优化适应度曲线如图 6.17 所示。

由图 6.17 可知，当迭代次数为 36 次时适应度值已基本保持稳定，全局最优值为 747.9043，控制器参数优化结果为 $\omega_{\mathrm{o}} = 16.4391$，$\omega_{\mathrm{c}} = 12.1971$，$b_0 = 0.1260$。基

于优化所得控制器参数，在 MATLAB 中对控制器性能进行仿真，设定电机转速为 1000r/min 平滑输入，在 $t = 20$s 时加入 $+400$ 的扰动值。

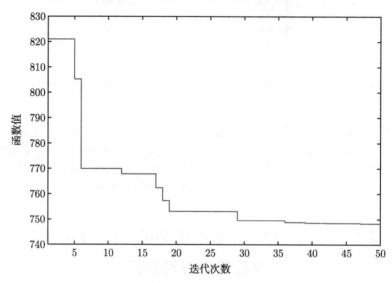

图 6.17　基于 CSAD_FWA 的离散时间微分平坦自抗扰控制率参数优化适应度曲线

图 6.18 为离散时间微分平坦自抗扰控制率的离散扩张状态观测器输出值分别对目标值的跟踪效果。从图中不难发现，扩张状态观测器的输出可以精确跟踪相应

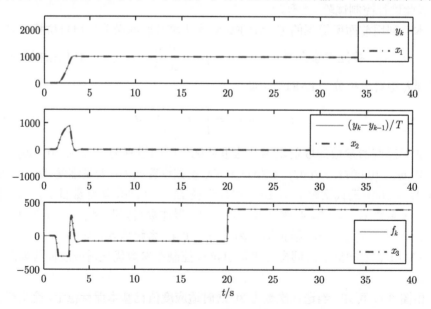

图 6.18　离散时间微分平坦自抗扰控制率的离散扩张状态观测器跟踪效果

的变量值，这在很大程度上提高了微分平坦自抗扰控制率抑制扰动的能力，可以在系统受到干扰时快速准确地对其进行估计并补偿，从而消除扰动带来的影响；另外当系统受到外界扰动时，输出值几乎没有变化。

图 6.19 为基于 CSAD_FWA 的离散时间微分平坦自抗扰控制率的控制效果。从图中可以发现，该控制策略具有非常好的扰动抑制能力，当系统受到较大外部扰动时仍然可以在很短时间内恢复到原状态；同时，微分平坦自抗扰控制率还具有很好的控制性能，系统输出值可以在很短时间内稳定到目标值，且几乎没有超调。

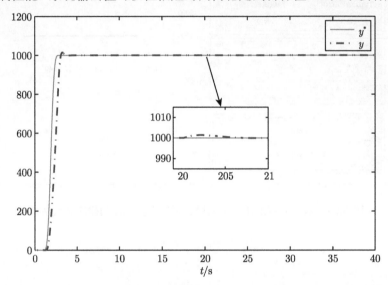

图 6.19　基于 CSAD_FWA 的离散时间微分平坦自抗扰控制率的控制效果

6.5　基于 CSAD_FWA 的离散时间 DFADRC 参数优化试验验证

基于优化算法的离散时间 DFADRC 性能测试试验是在 DFADRC 转速控制界面中完成的，在 PLC 环境下设置伺服电机转速从 0~1000r/min 平滑输入，通过优化所得的两组不同参数对控制器的控制效果进行验证。

首先确定主界面中“速度模式”和“允许启动”为绿色，表明系统可以正常运行，将画面切换至 DFADRC 控制界面，单击“启动 DFADRC 调节”按钮，输入基于 CSAD_FWA 优化的控制器参数 $\omega_o = 16.4391$，$\omega_c = 12.1971$，$b_0 = 0.1260$，输入电机转速设定值为 1000r/min，启动电机，待电机转速平稳后于 17:14:38 时刻在控制量输出 u 上加入 +400 扰动，实际控制效果如图 6.20 所示。单击“跟踪曲线画面"按钮打开扩张状态观测器跟踪曲线界面,可以观察扩张状态观测器的实际跟踪情况,如图 6.21 所示。

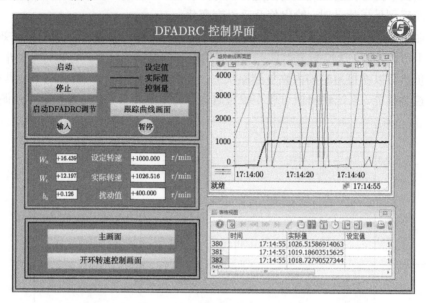

图 6.20　基于 CSAD_FWA 的微分平坦自抗扰控制律的试验结果

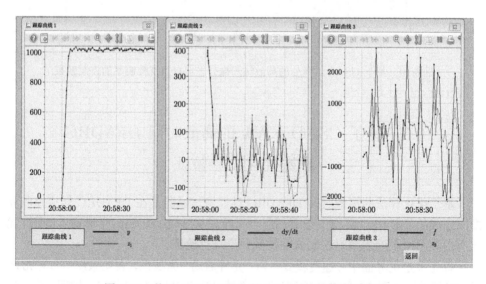

图 6.21　基于 CSAD_FWA 的 CDESO 实际跟踪效果

图 6.20 中,电机实际转速值几乎贴近电机转速设定值阶跃变化,折线代表控制量输出,在控制量发生变化时才连接下一折线段。图 6.21 中,粗折线分别代表

三个不同的被跟踪量,细折线代表 CDESO 的三个输出值,由于在实际应用中存在对转速值 y 求导的情况,在 PLC 环境下通过差分运算实现,二阶导数的结果会出现较大幅度变化,所以第三幅图中才会出现剧烈振荡的情况。但是跟踪输出与波动的整体趋势相同,且一直保持在均值处,这同样可以体现出扩张状态观测器良好的跟踪效果。

由图 6.20 和图 6.21 可知,在 PLC 中采用设计的离散时间微分平坦自抗扰控制律,电机转速响应输出具有很小的超调量,且调节时间短,试验结果与仿真结果相同,扩张状态观测器的跟踪效果与仿真结果基本一致,证明微分平坦自抗扰控制方法具有良好的控制效果。此外,在电机平稳运行时加入较大幅度扰动,系统输出转速值基本没有受到影响,仍然继续保持平稳运行,说明微分平坦自抗扰控制律具有强大的抗扰动能力。

6.6　本 章 小 结

本章首先介绍了微分平坦自抗扰控制算法的发展历史及其基本思想。然后,针对动态烟花算法存在收敛速度慢、容易陷入局部最优解等缺点,提出了混沌模拟退火动态烟花算法,通过五组经典测试函数验证了改进优化算法的有效性和优越性。接着,在 PLC 中利用梯形图编程语言设计并实现了离散时间微分平坦自抗扰控制算法,介绍了自主搭建的智能优化算法试验验证平台、基于 WinCC 组态软件的人机界面。最后,利用提出的混沌模拟退火动态烟花算法对离散时间微分平坦自抗扰控制律进行控制器参数优化,仿真试验验证所提控制策略的可行性和有效性,进一步在 PLC 中对基于优化后的控制器参数进行离散时间微分平坦自抗扰控制器性能测试,试验结果同样验证了该方法具有良好的控制性能和强大的抑制扰动能力。

参 考 文 献

[1] Fliess M, Levine J, Martin P, et al. Flatness and defect of nonlinear systems: Introductory theory and examples[J]. International Journal of Control, 1995, 61(6): 1327-1361.

[2] 宋平岗, 朱维昌, 戈旺. 基于微分平坦理论的单相 PWM 整流器直接功率控制[J]. 电力系统保护与控制, 2017, 45(5): 38-44.

[3] 蒲天骄, 张昭, 于汀, 等. 微分平坦理论及其在自动发电控制中的应用[J]. 电力系统及其自动化学报, 2014, 26(12): 21-27.

[4] Alexander P, Christopher K, Garrett C, et al. Robust tracking control of quadrotors based on differential flatness: Simulations and experiments[J]. IEEE-ASME Transactions on Mechatronics, 2018, 23(3): 1126-1137.

[5] Huang C Z, Hebertt S R. Flatness-based active disturbance rejection control for linear systems with unknown time-varying coefficients[J]. International Journal of Control, 2015, 88(12): 1-10.

[6] Huang C Z, Du B. Differentially flatness active disturbance rejection control approach via algebraic parameter identification to double tank problem[C]. Proceedings of 35th Chinese Control Conference, Chengdu, 2016: 2108-2113.

[7] Xia Y Q, Pu F, Li S F, et al. Lateral path tracking control of autonomous land vehicle based on adrc and differential flatness[J]. IEEE Transactions on Industrial Electronics, 2016, 63(5): 3091-3099.

[8] Cortés-Romero J, Jimenez-Triana A, Coral-Enriquez H, et al. Algebraic estimation and active disturbance rejection in the control of flat systems[J]. Control Engineering Practice, 2017, 61: 173-182.

[9] Hebertt S R, Jesus L F, Carlos G R, et al. On the control of the permanent magnet synchronous motor: An active disturbance rejection control approach[J]. IEEE Transactions on Control Systems Technology, 2014, 22(5): 2056-2063.

[10] Huang C Z, Hebertt S R. A flatness based active disturbance rejection controller for the four tank benchmark problem[C]. American Control Conference, Chicago, 2015: 4628-4633.

[11] Xia Y Q, Dai L, Fu M Y, et al. Application of active disturbance rejection control in tank gun control system[J]. Journal of the Franklin Institute, 2014, 351(4): 2299-2314.

[12] 苏剑波, 邱文彬. 基于自抗扰控制器的机器人无标定手眼协调[J]. 自动化学报, 2003, 29(2): 161-167.

[13] 陈星. 自抗扰控制器参数整定方法及其在热工过程中的应用[D]. 北京: 清华大学, 2008.

[14] 孙金秋, 游有鹏. 基于线性自抗扰控制的永磁同步电机调速系统[J]. 现代电子技术, 2014, 37(423): 152-155.

[15] 石晨曦. 自抗扰控制及控制器参数整定方法的研究[D]. 无锡: 江南大学, 2008.

[16] 贾亚飞. 自抗扰控制器研究及其应用[D]. 秦皇岛: 燕山大学, 2013.

[17] Yin Z G, Du C, Liu J, et al. Research on auto-disturbance-rejection control of induction motors based on ant colony optimization algorithm[J]. IEEE Transactions on Industrial Electronics, 2018, 65(4): 3077-3094.

[18] 刘福才, 贾亚飞, 任丽娜. 基于混沌粒子群优化算法的异结构混沌反同步自抗扰控制[J]. 物理学报, 2013, (12): 120509-1-120509-8.

[19] 姜萍, 王培光, 郝靖宇. 自抗扰控制器参数的免疫遗传优化及应用[J]. 控制工程, 2012, 19(2): 286-289.

[20] Liu W, Zhou Z Q, Liu H X. Research on auto disturbance rejection of PMLSM based on chaos algorithm and invasive weed optimization algorithm[J]. Journal of Jilin University, 2017, 35(4): 376-383.

[21]　杨庆江, 田志龙. 基于交叉熵算法的自抗扰控制器参数整定方法[J]. 黑龙江科技学院学报, 2013, 23(3): 298-301.

[22]　吴德烽, 任凤坤, 尹自斌. 基于人工蜂群算法的船舶动力定位自抗扰控制器设计[J]. 船舶工程, 2015, 37(8): 52-56.

[23]　吕丽霞, 罗磊, 王鹏飞, 等. 改进人工蜂群算法及在自抗扰控制上的应用[J]. 热能动力工程, 2017, 32(4): 80-85.

[24]　Sira-Ramírez H, Luviano-Juárez A, Ramírez-Neria M, et al. Active Disturbance Rejection Control of Dynamic Systems: A Flatness Based Approach[M]. Oxford: Butterworth-Heinemann, 2017.

[25]　杜斌. 基于 PLC 的线性自抗扰控制算法试验平台设计与实现[D]. 北京: 华北电力大学, 2017.

[26]　Miklosovic R, Radke A, Gao Z Q. Discrete implementation and generalization of the extended state observer[C]. Proceedings of the American Control Conference, Minneapolis, 2006: 2209-2214.

[27]　Tan Y, Zhu Y C. Fireworks algorithm for optimization[J]. Advances in Swarm Intelligence, 6145: 355-364, 2010.

[28]　Zheng S Q, Janecek A, Li J Z, et al. Dynamic search in fireworks algorithm[C]. Proceedings of the Evolutionary Computation, Beijing, 2014: 3222-3229.

[29]　刘军民, 高岳林. 混沌粒子群优化算法[J]. 计算机应用, 2008, 28(2): 322-325.

[30]　庞峰. 模拟退火算法的原理及算法在优化问题上的应用[D]. 长春: 吉林大学, 2006.

[31]　韩守飞, 李席广, 拱长青. 基于模拟退火与高斯扰动的烟花优化算法[J]. 计算机科学, 2017, 44(5): 257-262.

[32]　西门子有限公司. 深入浅出西门子 S7-1200 PLC[M]. 北京: 北京航空航天大学出版社, 2009.

[33]　Salih H, Abdelwahab H, Abdallah A. Automation design for a syrup production line using Siemens PLC S7-1200 and TIA Portal software[C]. Proceedings of IEEE International Conference on Communication, Paris, 2017: 1-5.

[34]　穆士才. 基于 PLC 的微分平坦自抗扰控制算法离散化仿真及试验验证[D]. 北京: 华北电力大学, 2019.

[35]　黄从智, 杜斌, 郑青. 基于 PLC 的线性自抗扰控制算法设计与实现[J]. 控制工程, 2017, 24(1): 171-177.

[36]　项国波. ITAE 最佳控制[M]. 北京: 机械工业出版社, 1986.

第7章 递减步长果蝇优化算法及其在风电机组齿轮箱故障诊断中的应用

本章首先介绍递减步长果蝇优化算法的基本思想、程序设计步骤,然后针对风电机组齿轮箱故障诊断问题,提出基于递减步长果蝇优化算法的支持向量机,探索该算法在风电机组齿轮箱故障诊断中的应用,并通过实际机组运行历史数据验证该算法的可行性和有效性。

7.1 递减步长果蝇优化算法简介

2011 年潘文超教授通过模仿果蝇群的觅食行为,提出了一种全局优化的方法——果蝇优化算法 (fruit fly optimization algorithm, FOA)[1]。与模拟退火算法 [2-5]、遗传算法 [6-8]、蚁群优化算法 [9-13] 和粒子群优化算法 [14-17] 等优化算法相比,果蝇优化算法具有意义直观明显、容易理解、计算过程比较简单等显著的优点 [18]。

果蝇虽然个体很小,但是其在自身的感官直觉上比大多数物种都强,尤其是在嗅觉与视觉上。果蝇一般以种群的形式集体活动,在觅食过程中,先使用其嗅觉器官搜集食物味道,根据食物味道使用视觉定位食物位置并前往。果蝇不断地使用嗅觉和视觉搜索食物的位置,最终使得果蝇群体能够到达食物的位置。果蝇优化算法的种群迭代搜寻过程如图 7.1 所示。

果蝇优化算法的优点在于收敛速度很快,但也存在寻优结果精度不高的缺点,因此又有很多学者在果蝇优化算法的基础上提出了各种改进的果蝇优化算法 [19-32]。本章使用了一种改进的果蝇优化算法,即递减步长果蝇优化算法 (diminishing step fruit fly optimization algorithm, DS-FOA),通过在寻优过程中逐步缩小寻优步长,使算法在前期有较强的全局搜索能力,在后期有较强的局部搜索能力 [33,34]。

在果蝇算法中,搜索步长 L 为一个在固定的小范围内取的随机数。根据算法步骤可知,搜索步长 L 越大,果蝇优化算法就拥有越强的全局搜索能力;搜索步长 L 越小,果蝇优化算法就拥有越强的局部寻优能力。由此可见,搜索步长 L 的取值对于果蝇优化算法寻优的结果有着至关重要的作用,但如果在整个寻优过程中只使用一个在固定小范围内取的随机数作为搜索步长 L,当这个值不够大时会无法达到预期的全局搜索能力,容易陷入局部最优的搜索,而当这个值不够小时会略过最优解范围,难以得到最终需要的最优值,因此要选择合理的搜索步长。在递

减步长果蝇优化算法中搜索步长为

$$L = L_0 - \frac{L_0(G-1)}{G_{\max}} \tag{7.1}$$

式中，L_0 为初始搜索步长；G 为当前寻优迭代数；$G_{\max}$ 为预先设定的最大寻优迭代数。

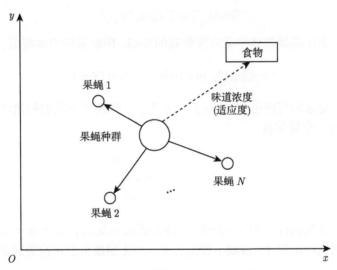

图 7.1　果蝇优化算法种群迭代搜寻过程示意图

通过这种方法可以看出，搜索步长 L 的值随着寻优迭代数的不断增大而减小，在前期 L 较大情况下果蝇种群可以在一个较大的范围内搜索，加强全局搜索能力，在后期 L 较小情况下果蝇种群则可以在一个较小范围内搜索，强化局部寻优效果。

递减步长果蝇优化算法的基本优化步骤如下。

步骤 1　随机初始化，设置果蝇种群数量为 P、最大迭代次数为 $G_{\max}$、初始搜索步长为 L_0、果蝇群体为 (x_0, y_0)。

步骤 2　根据式 (7.1) 计算本次迭代中的果蝇个体的移动步长。

步骤 3　赋予果蝇个体利用嗅觉搜寻食物的随机方向和距离，其中 rand(1,1) 的定义是在 $[-1, 1]$ 中取随机数：

$$\begin{aligned} X(i) &= X_0 + L\,\mathrm{rand}(1,1) \\ Y(i) &= Y_0 + L\,\mathrm{rand}(1,1) \end{aligned} \tag{7.2}$$

步骤 4　根据式 (7.3) 计算果蝇个体与原点的距离 $D(i)$，再根据式 (7.4) 计算味道浓度判定值 $S(i)$：

$$D(i) = \sqrt{X(i)^2 + Y(i)^2} \tag{7.3}$$

$$S(i) = \frac{1}{D(i)} \tag{7.4}$$

步骤 5　将味道浓度判定值 S 代入适应度函数以求出该果蝇个体位置的适应度 $\text{Smell}(i)$：

$$\text{Smell}(i) = \text{Fitness}(S(i)) \tag{7.5}$$

步骤 6　求此果蝇群体中适应度最高的果蝇，即取适应度的极值：

$$[\text{bestSmell, bestIndex}] = \max(\text{Smell}) \tag{7.6}$$

步骤 7　记录适应度值与对应的 x、y 坐标，作为下一代的初始位置并使所有果蝇个体在这一位置聚拢：

$$\begin{aligned}
&\text{Smellbest} = \text{bestSmell} \\
&X_0 = X(\text{bestIndex}) \\
&Y_0 = Y(\text{bestIndex})
\end{aligned} \tag{7.7}$$

步骤 8　重复执行步骤 2~步骤 6，并判断适应度是否优于前一迭代的味道浓度，若优于则执行步骤 7，否则不做出改变。当达到最大迭代次数时跳出循环，得到最后结果。

7.2　支持向量机简介

支持向量机 (support vector machine, SVM) 是于 1995 年由 Vortes 首先提出的 [35]，其特点在于能够解决非线性、函数拟合和模式识别问题，并在高维问题中表现出优势。与传统的机器学习算法相比，支持向量机理论能够解决诸如非线性和维数灾难问题、模型选择和过学习问题、局部极小点等困扰机器学习的多种问题 [36]。支持向量机算法的本质在于使用支持向量构建了最优超平面，同时使用核函数处理了非线性问题 [37-40]。

支持向量机在处理分类问题时的基本思想如图 7.2 所示，即寻找不同类别中的支持向量，以此为基础构建一个决策平面，此最优的平面使得正负类之间的分类间隔最大。但是大多数问题为一个超平面，该超平面分类间隔最大使得分类超平面到支持向量平面间的空白区域最大，保证分类精度，以此方法可以实现数据的最优分类。

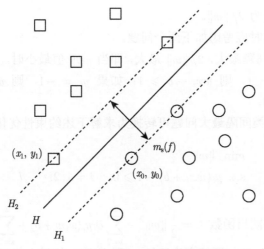

图 7.2　线性支持向量机的分类示意图

1. 线性支持向量机

支持向量机在对两类能够进行线性分类的样本进行分类时，设训练样本为 $(x_i, y_i), i = 1, 2, \cdots, l$，其中 l 为样本数，n 为输入维数。当训练样本为线性可分时，最优分类超平面为 H：

$$wx + b = 0 \tag{7.8}$$

经过点 (x_0, y_0)、(x_1, y_1) 做平行于 H 的超平面 H_1 和 H_2，H_1 和 H_2 分别是两类样本中离 H 最远且平行于 H 的直线，中间的距离为分类间隔：

$$\begin{aligned} H_1 &: wx + b = -a \\ H_2 &: wx + b = a \end{aligned} \tag{7.9}$$

式中，$a > 0$。

经过归一化后，有

$$\begin{aligned} H_1 &: wx + b = -1 \\ H_2 &: wx + b = 1 \\ H_3 &: wx + b = 0 \end{aligned} \tag{7.10}$$

如图 7.2 所示，H_1、H_2 到 H 的距离分别为 h。

两类样本的间隔为

$$m_{\mathrm{s}}(f) = 2h \tag{7.11}$$

由两直线之间的间隔距离公式可知

$$h = \frac{|(wx + b + 1) - (wx + b)|}{\sqrt{w^2 + 0}} = \frac{1}{\|w\|} \tag{7.12}$$

即两样本分类间隔为 $2/\|w\|$。

寻找最优平面时应考虑如下两个问题。

(1) 样本分类间隔最大，$2/\|w\|$ 最大，即当 $\|w\|$ 值最小时，分类间隔最大。

(2) 如果 $y_i = 1$，则 $wx_i + b \geqslant 1$；如果 $y_i = -1$，则 $wx_i + b \leqslant -1$，即 $y_i(wx_i + b) - 1 \geqslant 0$。

一般来说，分类间隔最大问题可转换为求解下述约束性优化问题：

$$\begin{aligned} &\min \ \|w\|^2 / 2 \\ &\text{s.t. } y_i(wx_i + b) - 1 \geqslant 0, \quad i = 1, 2, \cdots, l \end{aligned} \tag{7.13}$$

通过引入拉格朗日函数 $L = \dfrac{1}{2}\|w\|^2 - \sum\limits_{i=2}^{l} \partial_i y_i(x_i w + b) + \sum\limits_{i=2}^{l} \partial_i$，其中 $\partial_i > 0$ 为拉格朗日系数，之后的问题就变为已知 w 和 b 求 L 的最小值问题：

$$\begin{aligned} &\frac{\partial L}{\partial w} = w - \sum_{i=1}^{n} \alpha_i y_i x_i = 0 \Rightarrow w = \sum_{i=1}^{n} \alpha_i y_i x_i \\ &\frac{\partial L}{\partial b} = \sum_{i=1}^{n} \alpha_i y_i = 0 \Rightarrow \sum_{i=1}^{n} \alpha_i y_i = 0 \end{aligned} \tag{7.14}$$

根据 KKT(Karush-Kuhn-Tucker) 条件，最优解还应该满足 $\alpha_i(y_i(x_i w + b) - 1) = 0$。由此可以看出，当支持向量机的系数 $\alpha_i \neq 0$ 时，系数 w 可以表示为 $w = \sum \alpha_i y_i x_i$，因此就可以把最优超平面解的问题转化为对偶二次规划问题：

$$\begin{aligned} &\max \ W(\alpha) = \sum_{i=1}^{n} \alpha_i - \frac{1}{2} \sum_{i,j} \alpha_i \alpha_j y_i y_j (x_i \cdot x_j) \\ &\text{s.t. } \sum_{i=1}^{n} \alpha_i y_i = 0, \quad \alpha_i \geqslant 0, \quad i = 1, 2, \cdots, n \end{aligned} \tag{7.15}$$

由此得出 $\|w\|^2 = \sum \alpha_i \alpha_j y_i y_j (x_i \cdot x_j)$，如果 α 是其中一个解，代入可求得 b。因此，只需要计算出 $\mathrm{sgn}[(wx) + b]$ 就可以判断 x 所属的类别。

2. 非线性支持向量机

然而，训练样本并不是全部线性可分的，当遇到线性不可分问题时，需要引入核函数来解决非线性分类问题。把非线性样本 x 映射到高维线性空间 L 中，这样可以在 L 中求广义最优分类面，即 $\phi : x \Rightarrow \phi(x)$，但实现比较困难。因此，需要找到一个函数 K 使得

$$K(x_i, x_j) = \phi(x_i) \cdot \phi(x_j) \tag{7.16}$$

则非线性支持向量机最大间隔的函数为

$$W(\alpha) = \sum_{j=1}^{n} \alpha_i - \frac{1}{2} \sum_{i=1}^{n} \sum_{j=1}^{n} y_i y_j \alpha_i \alpha_j K(x_i \cdot x_j) \tag{7.17}$$

同时引入松弛变量 ξ 和惩罚变量 C 来求解最优分类超平面问题，松弛变量 ξ 越大，表示对于离群点的容忍度越大；惩罚变量 C 越大，表示对于错误分类的惩罚越大。非线性支持向量机的最优化如下：

$$\min \ \|w\|^2/2 + C \sum_{i=1}^{l} \xi_i \tag{7.18}$$
$$\text{s.t. } y_i(wx_i + b) \geqslant 1 - \xi_i, \quad \xi_i \geqslant 0, \quad i = 1, 2, \cdots, l$$

其对偶问题如下：

$$W(\alpha) = \sum_{j=1}^{n} \alpha_i - \frac{1}{2} \sum_{i=1}^{n} \sum_{j=1}^{n} y_i y_j \alpha_i \alpha_j K(x_i \cdot x_j) \tag{7.19}$$
$$\text{s.t. } 0 \leqslant \alpha_i \leqslant c, \quad \sum_{j=1}^{n} \alpha_i = 0, \quad i = 1, 2, \cdots, n$$

利用拉格朗日乘子法求解式 (7.19) 所示的二分类优化问题，可以得到最优决策函数为

$$f(x) = \text{sgn} \left[\sum_{i=1}^{l} y_i a_i K(x \cdot x_i) + b \right] \tag{7.20}$$

式中，a 为拉格朗日系数，在对输入训练样本 x 进行测试时，由式 (7.20) 确定 x 所属类别。因此，在选择合适的核函数 $K(x_i, x_j)$ 后非线性分类问题就可以转化为线性问题。

常用的核函数有多项式核函数、径向基核函数和 Sigmoid 核函数等。

(1) 多项式核函数：$K(x, x_j) = [(x \cdot x_j) + 1]^n$，$n$ 代表多项式分类器的阶数。

(2) 径向基核函数：$K(x, x_j) = \mathrm{e}^{\frac{-|x-y|^2}{2\sigma^2}}$。

(3) Sigmoid 核函数：$K(x, x_j) = \text{Sigmoid}[\nu(x \cdot x_i) + c]$。

通过 Iris 数据集分类测试可知，采用径向基核函数的支持向量机分类器比采用多项式核函数和 Sigmoid 核函数的支持向量机分类器在分类问题上表现得更好，正确率更高。因此，本章所有构建的支持向量机分类器都采用径向基核函数 [5]。

除了核函数的选取，支持向量机分类的性能同时受松弛变量 ξ 和惩罚变量 C 影响。这两个参数通常是在一定空间范围内确定的，从而使得支持向量机分类器在特定分类问题上能够取得最好的效果。因此，使用群智能优化算法在确定的空间

中搜索松弛变量 ξ 和惩罚变量 C 的最优参数，从而提高支持向量机分类器的正确率 [6]。

由于支持向量机中松弛变量 ξ 和惩罚变量 C 对于分类模型的准确度有着很大的影响，本章引入群智能优化算法，选择粒子群优化算法和递减步长果蝇优化算法分别对支持向量机中的变量 C 和 ξ 进行优化，并基于风电机组实际数据对建立的支持向量机进行验证，对模型的分类效果进行对比分析。

7.3 基于 DS-FOA 的支持向量机在风电机组齿轮箱故障诊断中的应用

本节选取国内某风电场 2015 年 7 月～2017 年 6 月的部分风电机组齿轮箱振动数据，此风电场已投运的风机为 GE1.5MW 风电机组，使用华锐 SL-1500 型齿轮箱，运用标准粒子群优化算法和递减步长果蝇优化算法分别对支持向量机进行故障分类 [41]。

针对本次试验，共采集齿轮箱高速轴前后轴承振动数据样本 315 个，其中 105个为正常状态数据，105 个为齿轮箱高速轴外圈故障数据，105 个为齿轮箱高速轴内圈故障数据。从每种状态中挑选各 85 个数据组成一个大小为 255 的训练样本，剩余的各 20 个合并构成一个大小为 60 个数据的测试样本。

7.3.1 风电机组齿轮箱振动数据的预处理

风电机组齿轮箱振动数据的预处理，包括数据采集、数据降噪滤波和故障特征参数提取等。由于振动数据是风电机组齿轮箱故障诊断的根本，对于数据的一系列处理就显得尤为重要。

1. 数据采集

本章中的振动数据为从风电场采集获得的实际风电机组运行数据。由于传感器所在的风电机组机舱环境是具有振动、噪声和电磁干扰等的复杂环境，且风电厂一般多建在海边、山脊等偏远地区，噪声信号很容易在振动信号的采集传输过程中混入。如果对带有噪声的振动信号进行特征提取，则无法获得准确的故障特征参数，从而影响需要建立的故障诊断系统性能，所以振动信号的预处理显得尤为重要。

本节将介绍传统的数字滤波手段，包括中值滤波和维纳滤波，为了更好地消除振动信号中的噪声信号，这里选择基于小波包分解的软阈值滤波方法，滤除振动信号中大部分的噪声信号，可以很好地还原原始的信号。

对经过降噪处理后的信号进行故障特征参数的提取，用这些特征参数来表征故障，这也方便后面建立训练样本。针对振动信号分别从时域和频域两个方面提取其故障特征参数，在时域方面，分析表征振动信号特征的参量，从中选取能够体现轴承内外圈故障的峭度指标和峰值指标来进行提取；在频域方面，针对齿轮箱高速轴轴承内外圈的故障，使用希尔伯特变换绘制包络谱的方法提取其故障特征倍频，针对齿轮箱轴不平衡–不对中的故障选择快速傅里叶变换的方法绘制速度图谱，从中提取其故障特征倍频。通过时域、频域分析，可以更为全面地提取振动信号的故障特征参数。

2. 数据降噪滤波

在风电场风电机组机舱中加装压电式振动传感器，对齿轮箱不同部位的振动信号进行采集。传感器采集到的振动数据经过采集仪收集之后由网络传递到系统服务器，再由服务端上传到故障诊断系统中。对于从数据库中导出的振动信号，往往需要先进行一些筛选处理，剔除明显不符合实际情况的错误数据。同时，由于现场和信号传输过程中的环境往往充满振动、电磁干扰等一系列噪声，这些噪声很容易混入振动信号，所以也需要对采集到的初始数据进行噪声滤波的处理，保证能够尽可能地还原信号最真实的情况。对于需要的数据进行分析，使用数据提取特征参数，并利用特征参数构建故障诊断模型，能够最大限度地还原信号本身，将错误的信号剔除、噪声滤除掉，在很大程度上直接决定了后续建立的模型的精度。因此，需要针对从数据库中提取的风电机组振动信号进行数据的降噪工作。

在振动信号处理领域，人们一直在对噪声的滤除问题进行探索。消除噪声的方法主要有硬件滤波和软件滤波两种，硬件滤波器通过设计一些滤波电路并将信号添加到器件中来滤除信号中的噪声频率分量；软件滤波器是在程序中设计一些数据滤波器，通过对时域和频域的数字振动信号进行处理，以滤除信号中的噪声分量。与硬件滤波相比，通过软件实现的数字滤波具有精度高、灵活性强、适应性好等特点。因此，这里主要针对数字滤波方法进行总结分析。

传统的数字滤波方法主要包括线性滤波法和非线性滤波法，最为典型的代表是中值滤波法和维纳滤波法。

1) 中值滤波法

中值滤波法 [42] 是一种非线性信号处理方法，基于统计学中的排序统计理论，能够有效地抑制噪声。在中值滤波处理过程中，基本思路是将数字信号序列中的一个点的值使用这个点邻域中每个点集合的中值替代，这样通过邻域内选取中值的策略还原中心点的信号，进而消除了单独存在的噪声，剔除奇异值。

在对信号序列 $x(i), -\infty < i < \infty$ 进行中值滤波处理时，首先需要设定一个长度为奇数 L 的长窗口，$L = 2N + 1, L \in \mathbf{N}^*$。在信号中取某一点，这个长度为 L 的

窗口内的信号样本为 $x(i-N),\cdots,x(i),\cdots,x(i+N)$。对这 L 个信号样本值按从小到大的顺序排列，取窗口样本中的中值作为输出赋予 $x(i)$：

$$y(i) = \mathrm{Med}[x(i-N),\cdots,x(i),\cdots,x(i+N)] \tag{7.21}$$

对于变化缓慢的信号，采用中值滤波法效果会比较好，而且运算简便，容易实现；对于变化速度很快的信号，则不宜采用中值滤波法 [43]。

2) 维纳滤波法

维纳滤波法 [44] 是一种基于最小均方误差准则的滤波方法，其最大的特点在于实际输出与期望输出之间的均方误差为最小，对于平稳过程效果最佳，因此对于被平稳的噪声污染的信号，它是一种非常优秀的滤波器。维纳滤波法适用面广，无论是连续的还是离散的过程信号，都能够滤除噪声信号，分离出整段的完整信号。

虽然维纳滤波是一种通用的优秀滤波器，但是无法完成对于多参量信号的分离，同时它也不能用于噪声为非平稳的随机过程情况。

一般地，通过小波包的方法对采集到的风电机组齿轮箱振动数据进行降噪滤波处理，虽然它尽可能地还原了原始信号，但由于采集到的振动信号是在时域上连续的一组信号，很多振动信号特征的信息是无法直观地从振动波形上看出的，通过量化的方法可以表征时域信号的一些变化。同时，根据齿轮箱的故障机理分析可知，当齿轮箱发生故障时，其在频域上会有很明显的变化，这些变化往往在时域上是不容易反映出来的。接下来的工作便是对原始信号在时域和频域上进行特征参数的提取。

除了传统的降噪方法，根据噪声的不同还有很多滤波的去除噪声的方法，如小波分析、经验模态分解 (empirical mode decomposition, EDM) 等 [45]。在振动信号的分析方面，小波降噪方法已成为一个重要的研究内容，主要应用于信号处理方面 [46,47]。小波变换不仅在时频域具有多分辨率的特性，而且在频域内有非常高的分辨率，能够有效地分析信号并将噪声去除，所以被人们称为信号的 "数字显微镜" [48]。

3. 故障特征参数提取

1) 时域故障特征参数提取

振动信号的时域指标包含有量纲指标和无量纲指标两种，这两种指标的变化，在故障诊断中可以表征不同故障的发生。图 7.3 为齿轮箱正常、内圈故障、外圈故障、不平衡–不对中故障的时域图。

从波形图上很难区分不同状态下的振动信号，为了能够量化不同状态的振动信号，需要从中提取振动信号的时域指标。常见的时域指标有峰值、均值、均方根值、峭度、峰值指标、峭度指标和裕度指标等 [49]。

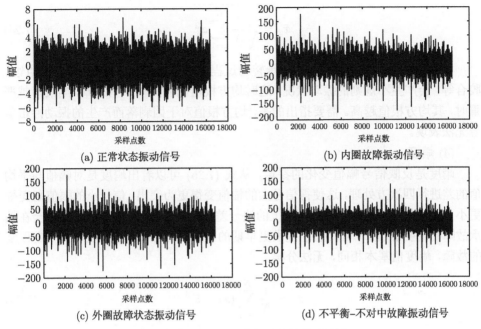

(a) 正常状态振动信号 　　　　　　　　　　(b) 内圈故障振动信号

(c) 外圈故障状态振动信号 　　　　　　　　(d) 不平衡–不对中故障振动信号

图 7.3　轴承不同状态振动信号的时域图

(1) 峰值。

信号在一个周期内其幅值的最大值称为峰值，即

$$x = \max |x_i| \tag{7.22}$$

在振动信号中它并不是一个稳定的参数，即便在相邻的周期内其峰值差别也会很大，所以多用来检测振动的冲击信号。

(2) 均值。

均值定义为信号所有数据之和与数据的个数的比值：

$$\bar{x} = \frac{1}{N} \sum_{i=1}^{N} x_i \tag{7.23}$$

对于振动信号，计算时采用的数据是振动的幅值。由于对数据的幅值取平均值，它反映的是振动数据的一个变化趋势。一般来说，均值在诊断过程中并不能反映特定的故障，但是在其他时域特征参量的计算过程中是一个不可缺少的中间量，所以均值依旧是一个重要的参量。

(3) 均方根值。

均方根值在信号中用来反映信号的能量大小，也称为有效值，特别适用于具有随机振动性质的轴承测量。具体定义如下：

$$\bar{x}_x = \sqrt{\frac{1}{N} \sum_{i=1}^{N} x_i^2} \tag{7.24}$$

滚动轴承内部各个滚动体在轴承转动过程中，由于内部表面发生磨损、点蚀、胶合等，会产生不规则的振动状况，这时均方根值就能反映一些故障。当故障越严重时，其均方根值越高。需要指出的是，均方根值对于因剥落而产生的振动冲击信号无法表现。

(4) 峭度。

峭度是反映信号幅值变化的参量，从式 (7.25) 可以看出峭度是对幅值与平均值的差进行四次方处理，这使得信号大的幅值变得更为突出，信号小的幅值则变得更小，从而在频率上更能突显信号上的这一差异。相比于均方根值，峭度值会在轴承故障初期明显增加，因此它能提供更早期的预报，但是对于已经发展到一定程度的故障，峭度值基本相同，无法分辨。

$$x_r = \frac{1}{N} \sum_{i=1}^{N} (x_i - \bar{x})^4 \tag{7.25}$$

(5) 峰值指标。

峰值指标的计算公式如式 (7.26) 所示，使用峰值除以均方根值。由于均方根值可以反映由轴承磨损、胶合引起的表面粗糙故障，而峰值可以反映局部剥落、刻痕和凹坑等一类离散型缺陷，所以峰值指标结合了峰值和均方根值两个时域特征参量，可以更为全面地表征轴承表面发生的整体以及离散型故障。

$$C_f = \frac{x_{\max}}{\bar{x}_x} \tag{7.26}$$

(6) 峭度指标。

峭度指标定义如下：

$$K_r = \frac{x_r}{\beta} \tag{7.27}$$

式中，$x_r = \dfrac{1}{N} \sum_{i=1}^{N} (x_i - x)^4$；$\beta = \left[\dfrac{1}{N} \sum_{i=1}^{N} (x_i - x)^2 \right]^2 = \sigma^4$。

相较于峭度参量，峭度指标表示实际峭度相对于正常峭度的高低，更能反映振动信号中的冲击特征。

(7) 裕度指标。

裕度指标定义如下：

$$L_r = \frac{x_{\max}}{x_r} \tag{7.28}$$

式中, $x_r = \left(\dfrac{1}{N} \displaystyle\sum_{i=1}^{N} \sqrt{x_i} \right)^2$。

机械运转过程中,若没有产生本身的歪斜,而均方根值与平均值的比值增大,说明磨损导致间隙增大,这时裕度指标就可以表征机械这一磨损的状态。因此,振动的能量指标有效值比平均值增加快,其裕度指标也增大了。

以上这些时域振动信号特征参数也可以分为有量纲参数和无量纲参数两类,这两类参数所表征的故障特征有所不同。

峰值、均值、均方根值和峭度等参量是有量纲参数,有量纲参数的幅值随着故障程度的上升而增大,对于故障比较敏感。但是有量纲参数也会因工况的改变而改变,在实际诊断过程中难以区分,因此要引入无量纲的参数。

峰值指标、峭度指标和裕度指标都为无量纲参数,其特点在于不受负载和转速等工况改变的影响,可以从不同方面反映信号的变化,更容易表征不同故障的特征,对故障表现出不同的敏感性,因此它们特别适合实际应用的需要。

本章主要针对齿轮箱中轴承和轴的故障,所以在时域上选择峰值指标和峭度指标作为时域特征参数。

2) 频域故障特征参数提取

一般地,通过提取机械振动信号的时域特征参数来表征其故障,但是时域信号往往只能大致表征机械是否有故障,无法准确地反映故障发生的部位,想要更为全面地通过振动信号了解机械设备的运行情况,可采用频域分析方法,它是一种常用且有效的分析方法。

当设备的机械结构出现故障,如轴承表面出现裂纹或疲劳剥落时,在运行过程中会出现周期性的冲击信号,这些冲击信号会混入振动信号中,在振动信号的频域中可以看到不同频率成分的出现。对于这些频率成分的相位、幅值进行分析和诊断,可以判断设备零件故障发生的位置和故障的类型。

一般来说齿轮箱中轴较多发生由安装问题或超载运行等问题引起的不平衡或者不对中的故障,轴承较多是在外圈和内圈上发生磨损、点蚀、胶合等故障。下面对于这两种零件的不同故障类型进行不同频域方法的故障特征值提取。

(1) 基于傅里叶变换的速度频谱特征值提取。

齿轮箱轴的不平衡–不对中的故障特征在时域中的表现形式一般是周期性的冲击信号,由于这一信息在时域是无法量化的,根据日常工程经验,需要对振动信号进行傅里叶变换,绘制振动信号速度频谱,从而获取不平衡–不对中的故障特征参数 [49]。

傅里叶正变换公式为

$$F(\omega) = \int_{-\infty}^{+\infty} f(t) \mathrm{e}^{-\mathrm{j}2\pi\omega t} \mathrm{d}t \tag{7.29}$$

傅里叶逆变换公式为

$$f(t) = \int_{-\infty}^{+\infty} F(\omega) \mathrm{e}^{\mathrm{j}2\pi\omega t} \mathrm{d}\omega \tag{7.30}$$

傅里叶正变换和傅里叶逆变换构成一个傅里叶变换对，通常表示为

$$F(\omega) \Leftrightarrow f(t) \tag{7.31}$$

离散傅里叶变换 (discrete Fourier transform, DFT) 对于信号 $x(n)$ 有如下的正变化和逆变换形式：

$$X_k = \sum_{n=0}^{N-1} x_n \mathrm{e}^{-\mathrm{i}2\pi kn/N}, \quad 0 \leqslant k \leqslant N-1 \tag{7.32}$$

$$x_n = \frac{1}{N} \sum_{k=0}^{N-1} X_k \mathrm{e}^{\mathrm{i}2\pi kn/N}, \quad 0 \leqslant n \leqslant N-1 \tag{7.33}$$

通过傅里叶变换可以建立信号时间域与频域的关系，将连续的时间域函数变换为连续的频率域函数，也正是利用这一点可以将振动信号通过傅里叶变换，从频域中进行分析和特征参数提取。

但是由于离散傅里叶变换计算量大，且要求相当大的内存，所以在计算机环境中实现需要大量的运算，这限制了离散傅里叶变换的广泛应用。为了提高离散傅里叶变换的运算速度，进一步提出了快速傅里叶变换 (fast Fourier transform, FFT)。快速傅里叶变换通过简化操作，显著提高了傅里叶变换在计算机环境运算时的速度。因此，本章使用快速傅里叶变换的方法在计算机环境中对振动信号进行速度频谱绘制 [50]。

对振动信号使用快速傅里叶变换绘制速度频谱图的目的是寻找齿轮箱轴不平衡–不对中故障的特征参数。图 7.4～图 7.7 所示是针对正常振动信号、内圈故障振动信号、外圈故障振动信号和不平衡–不对中故障振动信号绘制的速度频谱。

根据公式

$$f_{\mathrm{U}} = R \tag{7.34}$$

可知不平衡–不对中故障的故障特征参数在速度频谱上，故障一倍频对应轴承的转频，而在一倍频、二倍频、三倍频的幅值都比较高时反映的是轴承不平衡–不对中故障。式中，f_{U} 为故障特征参数，R 为轴的转动频率。

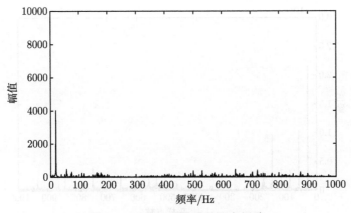

图 7.4　正常振动信号的速度频谱

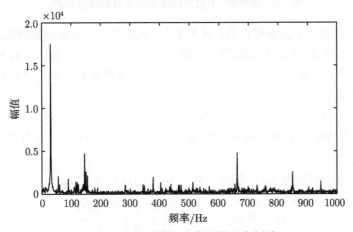

图 7.5　内圈故障振动信号的速度频谱

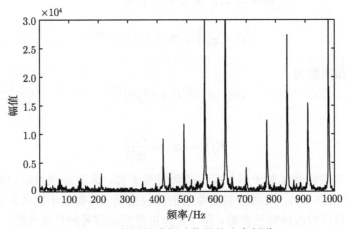

图 7.6　外圈故障振动信号的速度频谱

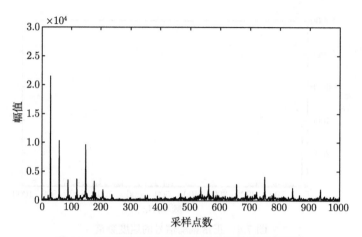

图 7.7   不平衡–不对中故障振动信号的速度频谱

从图 7.4～图 7.7 也能够看出，对于正常、内圈故障、外圈故障的振动信号，其速度频谱在不平衡–不对中故障的一倍频、二倍频、三倍频上基本没有故障特征表现出来，而对于不平衡–不对中故障的振动信号，其速度频谱中可以明显找出对应的故障特征频率 [51]。

(2) 基于希尔伯特包络变换的故障特征值提取 [52]。

希尔伯特变换是以德国著名数学家 David Hilbert 命名的，它也是一种经常用于信号分析的方法。

设原始振动信号为 $x(t)$，其希尔伯特变换 $\hat{x}(t)$ 可定义为

$$\hat{x}(t) = H\left[x(t)\right] = x(t)\frac{1}{\pi t} = \frac{1}{\pi}\int_{-\infty}^{\infty}\frac{x(t)}{t - \tau}\mathrm{d}\tau \tag{7.35}$$

令 $\bar{x}(t) = H\left[x(t)\right]$，可以构造出 $x(t)$ 的解析信号为

$$Z(t) = x(t) + \mathrm{j}\bar{x}(t) = a(t)\mathrm{e}^{\mathrm{j}\theta(t)} \tag{7.36}$$

可得瞬时幅值函数为

$$a(t) = \left[x^2(t) + \bar{x}^2(t)\right]^{1/2} \tag{7.37}$$

瞬时相位为

$$\theta(t) = \arctan\frac{\bar{x}(t)}{x(t)} \tag{7.38}$$

使用希尔伯特变化对于信号提取故障特征参数，求取经过希尔伯特变换后的幅值 $a(t)$ 和相位 $\theta(t)$，进而绘制出希尔伯特包络谱，再根据不同故障种类从包络谱图上提取对应的故障特征参数。图 7.8 为正常振动信号的包络谱图。

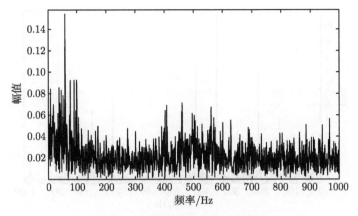

图 7.8　正常振动信号的包络谱图

从图 7.8 可以看出，正常振动信号的包络谱图的幅值非常小，在不同频率上幅值基本相同，没有特征频率，这就是正常振动信号包络谱图的特点。图 7.9~图 7.11分别为轴承内圈故障振动信号、轴承外圈故障振动信号和不平衡-不对中故障振动信号的包络谱图。

从图 7.9~图 7.11 可以看出，特定频率处都会有一定的冲击出现，这些冲击中特定频率上的幅值就是后面进一步处理需要提取的故障特征参数，可以结合式 (7.39) 和式 (7.40) 确定齿轮箱振动信号的不同故障对应的特征频率[51]。

外圈故障特征频率为

$$f_{\mathrm{O}} = \frac{z}{2}\left(1 - \frac{d}{D}\cos\beta\right)R \tag{7.39}$$

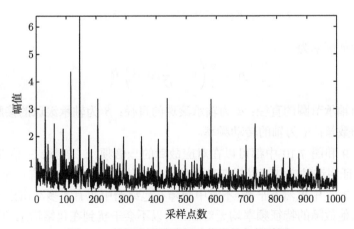

图 7.9　轴承内圈故障振动信号的包络谱图

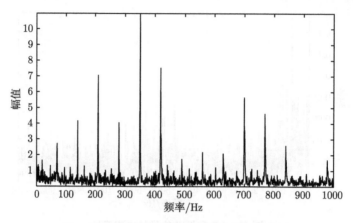

图 7.10　轴承外圈故障振动信号的包络谱图

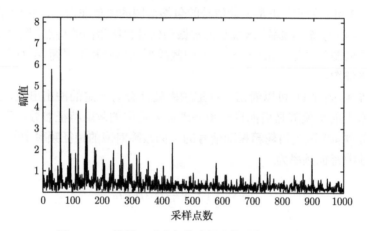

图 7.11　不平衡–不对中故障振动信号的包络谱图

内圈故障特征频率为

$$f_{\mathrm{I}} = \frac{z}{2}\left(1 + \frac{d}{D}\cos\beta\right)R \tag{7.40}$$

式中，D 为轴承节圆的直径；d 为轴承滚珠的直径；β 为轴承滚珠的接触角；z 为轴承滚珠的数量；R 为轴的转动频率。

　　在图 7.9 和图 7.10 中都可以在对应故障的一倍频、二倍频、三倍频处找到较大的幅值，证明这种方法可以提取轴承外圈故障信号及内圈故障信号的特征参数。同时，在图 7.11 中虽然不平衡–不对中故障在包络谱中也有很多冲击出现，但其对应频率与其他故障的特征频率均无对应，所以不会干扰到在包络谱上的区分。

　　振动数据由风电机组现场的振动采集监控系统中导出，单条振动数据采样长度为 16384，采样频率为 12800Hz。振动信号采集后由本节介绍的小波包滤波方法进行滤波,采用希尔伯特包络法绘制包络谱并提取频域的轴承内圈、外圈故障特征参数。

7.3.2 基于 DS-FOA 的支持向量机在风电机组齿轮箱故障诊断中的应用实例

根据华锐 SL-1500 型齿轮箱具体参数、式 (7.39) 和式 (7.40) 计算出对应故障特征频率的一倍频为

$$f_O = 3.13R$$
$$f_I = 4.86R \tag{7.41}$$
$$R = vr/60$$

式中,r 为齿轮箱的转速比,华锐 SL-1500 型风机的转速比为 104.125;R 为轴的转动频率。

提取出来的齿轮箱轴承的部分故障特征参数如表 7.1 所示。

表 7.1 齿轮箱轴承的部分故障特征参数

状态	1×BPFI	2×BPFI	3×BPFI	1×BPFO	2×BPFO	3×BPFO	输出
正常	0.1044	0.0893	0.0505	0.0501	0.0505	0.0504	1
正常	0.8661	0.0907	0.0930	0.0736	0.1319	0.0812	1
...	...	...	...	...	...	...	...
内圈故障	8.3412	2.186	5.5505	1.1907	0.62874	1.2357	2
内圈故障	8.8845	1.3326	1.6702	1.896	1.1431	1.7015	2
...	...	...	...	...	...	...	...
外圈故障	1.7552	1.9902	0.7449	7.575	0.7532	0.9657	3
外圈故障	1.9047	2.1848	1.2965	8.8583	1.2965	0.7931	3

本次故障类型为轴承内圈故障 (BPFI) 与轴承外圈故障 (BPFO),因此所有分类种类为正常、内圈故障和外圈故障[49]。

设计支持向量机的故障分类模型为 6 输入-1 输出模型,输入特征参数为:外圈故障一倍频特征频率幅值 (1×BPFO),外圈故障二倍频特征频率幅值 (2×BPFO),外圈故障三倍频特征频率幅值 (3×BPFO),内圈故障一倍频特征频率幅值 (1×BPFI),内圈故障二倍频特征频率幅值 (2×BPFI),内圈故障三倍频特征频率幅值 (3×BPFI);输出为三种状态,1 为正常状态,2 为轴承外圈故障,3 为轴承内圈故障。

完成风电机组齿轮箱故障特征参数的提取并设计好训练样本和测试样本,构建支持向量机分类模型,之后按照如下步骤使用 DS-FOA 进行支持向量机的优化,其优化流程如图 7.12 所示。

DS-FOA 优化支持向量机的具体步骤如下。

步骤 1 初始化改进果蝇优化算法参数:果蝇种群数量 P,最大迭代次数 G_{max},初始搜索步长 L_0,惩罚变量 C,初始位置 (x_0, y_0),松弛变量 ξ,初始位置 (x_1, y_1)。

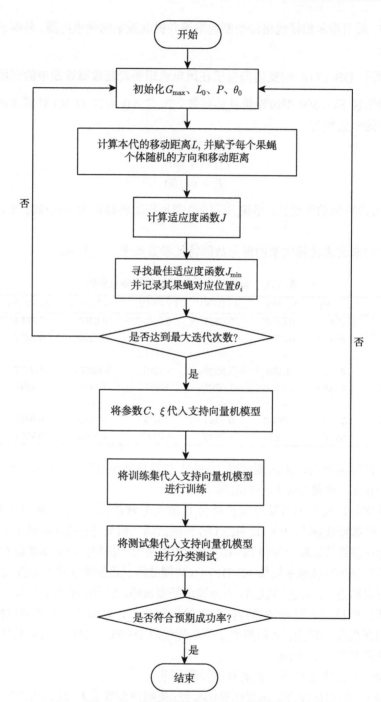

图 7.12 果蝇算法优化支持向量机流程

步骤 2　设置 DS-FOA 每代搜索步长和适应度函数。根据式 (7.1) 生成当前代搜索步长 L，再根据式 (7.2) 赋予果蝇个体随机的方向和移动距离。

步骤 3　定义支持向量机果蝇优化算法的优化目标适应度函数 J 为每次支持向量机训练的成功率，支持向量机输入为振动信号故障特征频率的一、二、三倍频特征频率幅值，得到适应度函数 J 后确定最佳适应度函数 J_{min} 并确定最佳适应度对应的果蝇位置 (x_{i0}, y_{i0})、(x_{i1}, y_{i1})，将其作为下一代初始位置。

步骤 4　重复运算至最大迭代次数 G_{max} 次，得到最优解即支持向量机松弛变量 ξ 与惩罚变量 C。

得到最优的松弛变量 ξ 与惩罚变量 C 后代入支持向量机模型，即可得到 DS-FOA 优化后的最优支持向量机故障分类模型。

通过以上步骤可完成 DS-FOA 对支持向量机的优化。为了验证群优化算法优化支持向量机松弛变量 ξ 与惩罚变量 C 的可能性、DS-FOA 的优化能力，本章使用 DS-FOA 优化后的支持向量机分类模型与普通支持向量机分类模型、PSO 算法优化后的支持向量机分类模型进行对比，其中 PSO 算法和 DS-FOA 优化的基本参数如表 7.2 所示。

表 7.2　PSO 算法和 DS-FOA 优化的基本参数

	种群数量	20	C_{max}	200
PSO 算法	最大迭代次数	100	C_{min}	0.01
	C_1	1.9	ξ_{max}	1000
	C_2	1.7	ξ_{min}	0.01
	种群数量	30	C_{max}	200
DS-FOA	最大迭代次数	100	C_{min}	0.01
	L_C	20	ξ_{max}	1000
	L_ξ	200	ξ_{min}	0.01

采用 PSO 算法和 DS-FOA 优化后的支持向量机进行分类，对应的适应度函数迭代曲线如图 7.13 所示。

图 7.13 中，横坐标为迭代次数，共 100 次迭代，纵坐标为适应度值，在优化支持向量机过程中适应度为支持向量机本身分类的成功率。从图中可以看出，经过 DS-FOA 优化的支持向量机分类模型具有更好的分类成功率，验证了 DS-FOA 在优化支持向量机分类模型方面的性能优于传统 PSO 算法。

图 7.14~图 7.16 所示分别为普通支持向量机模型分类结果、PSO-SVM 模型分类结果和 DSFOA-SVM 分类结果。图 7.14~图 7.16 中，支持向量机分类图结果中横坐标对应各测试样本的编号，本次试验中测试样本共 60 个，所以横坐标对应从 0~60 共 61 个离散的整数；纵坐标为测试样本的分类状态，本试验共有 1、2、3 三种状态。图中空心圆圈线代表测试样本预期的分类状态，实心圆圈线代表支持向量

机实际分类的结果。

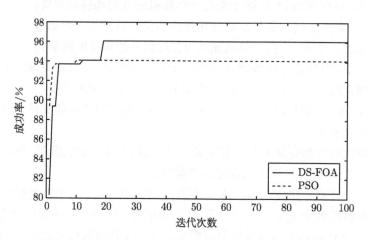

图 7.13　PSO-SVM 与 DS-FOA SAVM 优化迭代曲线

图 7.14 为未加入松弛变量 ξ 与惩罚变量 C 的支持向量机分类模型，从中可以看出在 60 个测试样本中有 9 个分类出现了错误，分类结果不是很准确。

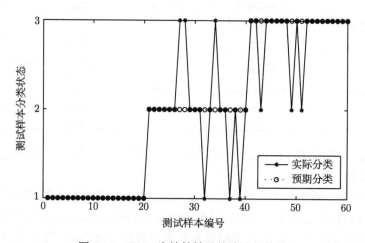

图 7.14　SVM 齿轮箱轴承故障诊断结果

图 7.15 为 PSO 算法优化的支持向量机分类模型，在 60 个测试样本中有 6 个分类出现错误，相比普通支持向量机分类模型有所提高，由此可以看出加入松弛变量 ξ 与惩罚变量 C 并使用群智能算法优化可在一定程度上提高支持向量机分类模型的准确率。

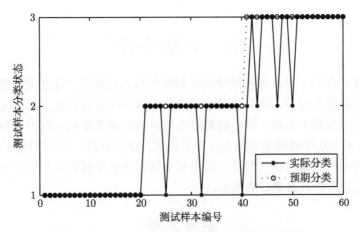

图 7.15　PSO-SVM 齿轮箱轴承故障诊断结果

图 7.16 为 DS-FOA 优化的支持向量机分类模型，在 60 个测试样本中有 4 个分类出现错误，相较于 PSO 算法优化的分类模型准确率又有了一定的提升，证明在优化支持向量机分类模型方面 DS-FOA 比 PSO 算法具有更为优秀的能力。

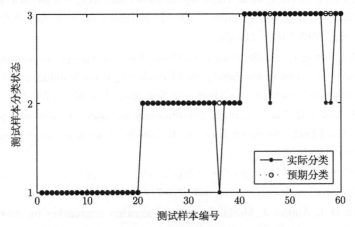

图 7.16　DSFOA-SVM 齿轮箱轴承故障诊断结果

经过优化后的参数和准确率结果如表 7.3 所示。

表 7.3　齿轮箱轴承故障诊断结果对比

算法	C	ξ	准确率/%
SVM	—	—	85.0
PSO-SVM	113.0068	0.01	90
DSFOA-SVM	174.1959	1.6588	93.33

7.4 本 章 小 结

本章首先介绍了递减步长果蝇优化算法的基本思想及实现步骤，然后介绍了支持向量机的分类原理，进而采用递减步长果蝇优化算法优化支持向量机的松弛变量和惩罚变量两个参数，最后对某风电机组齿轮箱采集的实际振动数据进行预处理，进而采用基于递减步长的支持向量机进行模型训练，并与支持向量机、PSO算法优化的支持向量机进行对比，结果显示递减步长果蝇优化算法在支持向量机分类模型优化方面具有更好的效果。

参 考 文 献

[1] Pan W C. Using fruit fly optimization algorithm optimized general regression neural network to construct the operating performance of enterprises model[J]. Journal of Taiyuan University of Technology, 2011, 29(4): 1-5.

[2] Ye Z Y, Xiao K L, Ge Y, et al. Applying simulated annealing and parallel computing to the mobile sequential recommendation[J]. IEEE Transactions on Knowledge and Data Engineering, 2019, 31(2): 243-256.

[3] Zheng X L, Wang L. A collaborative multiobjective fruit fly optimization algorithm for the resource constrained unrelated parallel machine green scheduling problem[J]. IEEE Transactions on Systems Man Cybernetics-Systems, 2018, 48(5): 790-800.

[4] Zhang S, Luo Y Q, Ma Y J, et al. Simultaneous optimization of nonsharp distillation sequences and heat integration networks by simulated annealing algorithm[J]. Energy, 2018, 162: 1139-1157.

[5] Raunak S, Sriparna S. Reference point based archived many objective simulated annealing[J]. Information Sciences, 2018, 467: 725-749.

[6] Hemanth D J, Anitha J. Modified genetic algorithm approaches for classification of abnormal magnetic resonance brain tumour images[J]. Applied Soft Computing, 2019, 75: 21-28.

[7] Ramin A S, Zahra N G, Farid T, et al. Improved winding proposal for wound rotor resolver using genetic algorithm and winding function approach[J]. IEEE Transactions on Industrial Electronics, 2019, 66(2): 1325-1334.

[8] Milad N, Esmaeel K, Samira D. Multi-objective multi-robot path planning in continuous environment using an enhanced genetic algorithm[J]. Expert Systems with Applications, 2019, 115: 106-120.

[9] Raka J, Milan T, Stefan V. An efficient ant colony optimization algorithm for the blocks relocation problem[J]. European Journal of Operational Research, 2019, 274(1): 78-90.

[10]　Jia Z H, Yan J H, Leung J Y T, et al. Ant colony optimization algorithm for scheduling jobs with fuzzy processing time on parallel batch machines with different capacities[J]. Applied Soft Computing, 2019, 75: 548-561.

[11]　Rafi Y K, Nazemi E. An approach to XBRL interoperability based on ant colony optimization algorithm[J]. Knowledge-Based Systems, 2019, 163:342-357.

[12]　Yan F L. Autonomous vehicle routing problem solution based on artificial potential field with parallel antcolony optimization (ACO) algorithm[J]. Pattern Recongnition Letters, 2018, 116: 195-199.

[13]　Wang X Y, Choi T M, Liu H K, et al. A novel hybrid ant colony optimization algorithm for emergency transportation problems during post-disaster scenarios[J]. IEEE Transactions on Systems Man Cybernetics-Systems, 2018, 48(4): 545-556.

[14]　Hasanoglu M S, Dolen M. Multi-objective feasibility enhanced particle swarm optimization[J]. Engineering Optimization, 2018, 50(12): 2013-2037.

[15]　Nicolo G, Guillaume S, Houria S, et al. Wind farm distributed PSO-based control for constrained power generation maximization[J]. Renewable Energy, 2019, 133: 103-117.

[16]　Cagri O K, Nahit S M, Ilker T Y. Particle swarm optimization for uncapacitated multiple allocation hub location problem under congestion[J]. Expert Systems with Applications, 2019, 119: 1-19.

[17]　Chang Q, Yang Y Q, Sui X, et al. The optimal control synchronization of complex dynamical networks with time-varying delay using PSO[J]. Neurocomputing, 2019, 333: 1-10.

[18]　Hazim I, Mesut G. A survey on fruit fly optimization algorithm[C]. Proceedings of International Conference on Signal-Image Technology & Internet-Based Systems, Bangkok, 2015: 520-527.

[19]　Darvish A, Ebrahimzadeh A. Improved fruit-fly optimization algorithm and its applications in antenna arrays synthesis[J]. IEEE Transactions on Antennas and Propagation, 2018, 66(4): 1756-1766.

[20]　Wu L, Liu Q, Tian X, et al. A new improved fruit fly optimization algorithm IAFOA and its application to solve engineering optimization problems[J]. Knowledge-Based Systems, 2018, 144: 153-173.

[21]　Han X M, Liu Q M, Wang H Z, et al. Novel fruit fly optimization algorithm with trend search and co-evolution[J]. Knowledge-Based Systems, 2018, 141: 1-17.

[22]　Zhang K S, Shi Z D, Huang Y H, et al. SVC damping controller design based on novel modified fruit fly optimisation algorithm[J]. IET Renewable Power Generation, 2018, 12(1): 90-97.

[23]　Meng T, Pan Q K. An improved fruit fly optimization algorithm for solving the multi-dimensional knapsack problem[J]. Applied Soft Computing, 2017, 50: 79-93.

[24] Zhang Y W, Cui G M, Wu J T, et al. A novel multi-scale cooperative mutation fruit fly optimization algorithm[J]. Knowledge-Based Systems, 2016, 114: 24-35.

[25] Cao G H, Wu L J. Support vector regression with fruit fly optimization algorithm for seasonal electricity consumption forecasting[J]. Energy, 2016, 115: 734-745.

[26] Li T F, Gao L, Li P G, et al. An ensemble fruit fly optimization algorithm for solving range image registration to improve quality inspection of free-form surface parts[J]. Information Sciences, 2016, 367-368: 953-974.

[27] Wang L, Liu R, Liu S. An effective and efficient fruit fly optimization algorithm with level probability policy and its applications[J]. Knowledge-Based Systems, 2016, 97: 158-174.

[28] Wu L H, Zuo C L, Zhang H Q. A cloud model based fruit fly optimization algorithm[J]. Knowledge-Based Systems, 2015, 89: 603-617.

[29] Niu J W, Zhong W M, Liang Y, et al. Fruit fly optimization algorithm based on differential evolution and its application on gasification process operation optimization[J]. Knowledge-Based Systems, 2015, 88: 253-263.

[30] Mousavi S M, Alikar N, Niaki S T A, et al. Optimizing a location allocation-inventory problem in a two-echelon supply chain network: A modified fruit fly optimization algorithm[J]. Computers & Industrial Engineering, 2015, 87: 543-560.

[31] Wang L, Shi Y L, Liu S. An improved fruit fly optimization algorithm and its application to joint replenishment problems[J]. Expert Systems with Applications, 2015, 42(9): 4310-4323.

[32] Pan Q K, Sang H Y, Duan J H, et al. An improved fruit fly optimization algorithm for continuous function optimization problems[J]. Knowledge-Based Systems, 2014, 62: 69-83.

[33] Huang C Z, Li Y, Zhang T Y, et al. Fault diagnosis of wind turbine gearbox by diminishing step fruit fly algorithm optimized SVM[C]. Proceedings of Chinese Automation Conference, Jinan, 2017: 4431-4436.

[34] Huang C Z, Li Y. Linear active disturbance rejection control approach for load frequency control problem using diminishing step fruit fly algorithm[J]. Lecture Notes in Electrical Engineering, 2016, 405: 9-18.

[35] Vortes C, Vapnik V. Support vector networks[J]. Machine Learning, 1995, 20(3): 273-297.

[36] Liu C, Tang L X, Liu J Y. Least squares support vector machine with self-organizing multiple kernel learning and sparsity[J]. Neurocomputing, 2019, 331: 493-504.

[37] Liao Z Y, Couillet R. A large dimensional analysis of least squares support vector machines[J]. IEEE Transactions on Signal Processing, 2019, 67(4): 1065-1074.

[38] Tang F Z, Adam L, Si B L. Group feature selection with multiclass support vector machine[J]. Neurocomputing, 2018, 317: 42-49.

[39] Zhang Q Z, Wang D, Wang Y G. Convergence of decomposition methods for support vector machines[J]. Neurocomputing, 2018, 317: 179-187.

[40] Kumar P A, Shruti R J, Rajiv T. Prediction of flow blockages and impending cavitation in centrifugal pumps using support vector machine (SVM) algorithms based on vibration measurements[J]. Measurement, 2018, 130: 44-56.

[41] 李岩. 基于决策树支持向量机的风电机组齿轮箱故障诊断[D]. 北京：华北电力大学, 2018.

[42] 钱微冬, 高晓蓉. 车轴超声检测数据的滑动中值滤波算法[J]. 无损检测, 2017, 39(9): 7-10.

[43] 葛哲学, 沙威. 小波分析理论与 MATLAB R2007 实现[M]. 北京：电子工业出版社, 2007.

[44] Gardner W A. Cyclic wiener filtering: Theory and methods[J]. IEEE Transactions on Communications, 1993, 41(1): 151-163.

[45] 赵化彬, 张志杰. 基于本征模态函数最优配比的冲击波信号经验模态分解降噪方法[J]. 科学技术与工程, 2017, 17(18): 231-237.

[46] 路伟涛, 杨文革, 洪家财. 新的小波滤波算法及其在甚长基线干涉测量中的应用[J]. 信号处理, 2014, 30(5): 553-560.

[47] Klepka A, Uhl T. Identification of modal parameters of non-stationary systems with the use of wavelet based adaptive filtering[J]. Mechanical Systems & Signal Processing, 2014, 47(1-2): 21-34.

[48] Katul G, Vidakovic B. The partitioning of attached and detached eddy motion in the atmospheric surface layer using Lorentz wavelet filtering[J]. Boundary-Layer Meteorology, 1996, 77(2): 153-172.

[49] Adrian S, Dinmohammadi F, Zhao X Y, et al. Machine learning methods for wind turbine condition monitoring: A review[J]. Renewable Energy, 2019, 133: 620-635.

[50] Liu W Y. Intelligent fault diagnosis of wind turbines using multi-dimensional kernel domain spectrum technique[J]. Measurement, 2019, 133: 303-309.

[51] Artigao E, Martín-Martínez S, Honrubia-Escribano A, et al. Wind turbine reliability: A comprehensive review towards effective condition monitoring development[J]. Applied Energy, 2018, 228: 1569-1583.

[52] Venkitaraman A, Chatterjee S, Händel P. On Hilbert transform, analytic signal, and modulation analysis for signals over graphs[J]. Signal Processing, 2018, 156: 106-115.

第 8 章 基于云粒子群布谷鸟融合算法的 典型热工过程模型参数辨识

本章首先介绍火电机组热工过程模型参数的辨识问题, 然后给出云粒子群布谷鸟融合算法, 指出该算法的内容及其设计步骤, 最后基于联合循环发电机组运行历史数据探索将该算法应用于典型热工过程模型参数辨识的可行性。

8.1 火电机组热工过程模型参数辨识简介

火电机组热工过程模型参数辨识的实质就是拟合函数的过程, 辨识目标为获取传递函数的参数、确定传递函数的结构。针对历史输入输出数据, 确定系统模型描述函数的结构, 辨识出函数中的参数。热工过程的模型辨识问题可以归结为构建一个数学模型, 来辨识客观存在但是未知的系统特性。通过这种演算, 可以加深对系统的理解, 最终将其用传递函数的形式表示出来, 帮助研究人员更好地对系统进行研究。无论是一个实际的物理现象, 还是一个实际运行的生产过程, 都可以通过无穷多个数学模型与之对应。实际运行的生产过程或物理现象与数学模型之间不存在一一对应的关系, 热工过程的模型辨识就是需要从这无穷多个数学模型中找到一个与实际过程最相近的函数模型来描述它。

本章利用云理论和布谷鸟搜索 (cuckoo search, CS) 算法对粒子群优化算法 (PSO 算法) 进行优化, 得到将三者融合的云粒子群布谷鸟融合 (cloudy particle swarm optimization-cuckoo search, CPSO-CS) 算法。之后对燃气–蒸汽联合循环机组典型热工过程进行基于现场历史数据的过程模型参数辨识, 获得联合循环机组典型热工过程的模型, 通过误差准则函数对比 PSO 算法和 CPSO-CS 算法的辨识结果, 以此验证 CPSO-CS 算法的可行性和优越性。

对于典型热工过程的辨识, 需要引入一个评价指标来鉴别辨识效果。本章将误差指标函数作为目标函数, 由此来判别所采用的智能优化算法的辨识效果。

假设在时间域内, 系统输出变量 $y(t)$ 与输入变量 $u(t)$ 之间的关系为

$$y(t) = f[u(t)] \tag{8.1}$$

令 $t = kT_s$ ($k = 1, 2, \cdots, M$; T_s 为采样周期; M 为采样点数), 代入式 (8.1) 可得

$$y(kT_s) = f[u(kT_s)], \quad k = 1, 2, \cdots, M \tag{8.2}$$

当测得 M 组输入输出数据 $y(kT_s)$ 和 $u(kT_s)$ 后，采用群智能优化算法得到一个能与 f 近似匹配的已知函数 f_g，获得的数据可以满足

$$y(kT_s) = f_g[u(kT_s)], \quad k = 1, 2, \cdots, M \tag{8.3}$$

f_g 即所求的近似模型，它可以最大限度地代表系统的真实模型 f。

然而，实际过程中存在多种难以精确描述的实际因素，如各种噪声干扰、提出的假设所引起的误差和实际运行数据的测量误差等。因此，通过测量得到的输入和输出数据无法全部代入式 (8.3)，实际过程的辨识模型应该由式 (8.4) 进行描述：

$$y(kT_s) = f_g[u(kT_s)] + e(kT_s), \quad k = 1, 2, \cdots, M \tag{8.4}$$

式中，$e(kT_s)$ 为残差。

残差与预估模型 f_g 的参数相关，若参数具有差别，则产生的残差也具有差别。残差 $e(kT_s)$ 越小，说明估计模型越接近实际过程，辨识效果越好。

定义误差指标函数为

$$J = \sum_{k=1}^{M} \{y(kT_s) - f_g[u(kT_s)]\}^2 = \sum_{k=1}^{M} e^2(kT_s) \tag{8.5}$$

根据误差指标函数判断算法的辨识精度，可以有效比较算法的辨识效果。

8.2　云粒子群布谷鸟融合算法

8.2.1　粒子群优化算法简介

根据进化论的观点，自然界中的生物都处在一个逐渐演化的过程中，学者由此受到启发，提出了模拟自然界演化过程的演化式算法。例如，在 1975 年，Holland 教授提出了遗传算法，模拟达尔文生物进化论的自然选择和遗传学机理的生物进化机制，是一种通过模拟自然进化过程搜索最优解的方法。后来人们开始研究动物的觅食行为与群体行为，为了模仿动物的这些行为，1995 年 Eberhart 等提出了粒子群优化算法 [1]。粒子群优化算法是模拟鸟群在自然界中的觅食行为，鸟群在一定区域内按照规律搜索食物，通过不断迭代最终找到食物，换言之即找到问题的最优解 [2-4]。

粒子群优化算法的速度–位移迭代公式简单易懂，比较容易实现，采用的是一种以种群为基础的全局搜索策略。粒子群优化算法的优点是收敛快速、计算简便，在全局优化中较为常用，同时也广泛地应用于复杂非线性函数的优化和各种组合优化中 [5]。

在传统的粒子群优化算法中，飞行状态不完全受粒子控制，因此容易因处在最优解附近而忽略最优解，从而飞到其他区域进行寻优，导致无法收敛，飞行速度不受约束也削减了局部搜索的能力。为了可以更好地平衡粒子的局部搜索能力和全局搜索能力，这里引入惯性权重 w。若希望增强全局搜索能力，则加大 w；若希望增强局部搜索能力，则减小 w。加入惯性权重的传统粒子群优化算法的计算公式为

$$V_{id} = wv_{id} + c_1r_1(\text{pbest} - x_{id}) + c_2r_2(\text{gbest} - x_{id}) \tag{8.6}$$

式中，v_{id} 表示粒子的速度参数；x_{id} 为其对应的位置参数；c_1 和 c_2 分别表示认知因子和社会因子；r_1 和 r_2 分别表示 0~1 的随机数；pbest 为个体的适应度值；gbest 为全局最优适应度值。

采用合适的惯性权重可以平衡全局搜索能力与局部搜索能力。权重的取值范围一般为 $[0, 1.4]$，但实际通常在 $[0.6, 1.2]$ 取值比较合适。认知因子 c_1 和社会因子 c_2 一般相等，均取值为 0.5。r_1、r_2 通常为 $[0,1]$ 的随机数，以作为增量分量。

在优化过程中，粒子的速度需要设定一个范围 $v_{id} \in [-v_{\max}, v_{\max}]$，根据式 (8.7) 规则更新粒子速度：

$$v_{id} = \begin{cases} v_{\max}, & v_{id} > v_{\max} \\ -v_{\max}, & v_{id} \leqslant -v_{\max} \end{cases} \tag{8.7}$$

式中，$v_{\max}$ 为粒子速度的搜索最大值。

同时粒子通过式 (8.8) 更新位置信息：

$$x_{id} = x_{id} + V_{id} \tag{8.8}$$

粒子群优化算法的优化流程如图 8.1 所示，其基本优化步骤如下。

步骤 1　初始化粒子个数为 n，使得这 n 个粒子处在不同的初始位置。确定 n 个粒子随机的初始速度、加速度常数 c_1 和 c_2，并定义最大速度 $v_{\max}$。

步骤 2　计算 n 个粒子的适应度。每个粒子有其对应的适应度值 pbest，从中通过取极值的方法找到全局最优的适应度值 gbest。

步骤 3　按式 (8.7) 更新粒子的速度，同时按照式 (8.8) 更新当前的位置。

步骤 4　计算每个粒子的目标适应度函数在新位置的值，若粒子此时的目标函数适应度值优于 pbest，则粒子此时的目标函数适应度值为个体新的最优解 pbest。

步骤 5　循环执行步骤 2~步骤 4，当达到设定的最大迭代数时终止循环，此时找到最优参数。

尽管粒子群优化算法具有一定的参数寻优功能，但是由于其自身容易陷入局部最优，难以满足实际工程中的要求。因此，需要借助其他方法对其进行优化，避免陷入局部最优，以使辨识结果更加准确。

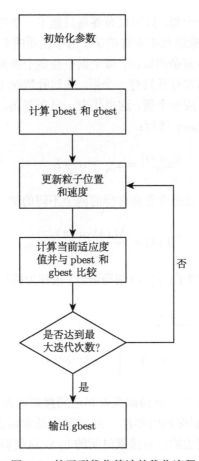

图 8.1　粒子群优化算法的优化流程

8.2.2　布谷鸟搜索算法简介

布谷鸟搜索算法是由 Yang 和 Deb 于 2009 年提出的一种自然启发式算法 [6]。布谷鸟搜索算法基于布谷鸟的寄生性育雏 (brood parasitism，又称巢寄生) 行为，结合 Levy 飞行来增强其搜索能力，而不是和传统群智能算法一样简单地进行随机游走。研究表明，布谷鸟搜索算法比果蝇优化算法、粒子群优化算法等更有效 [7-10]。为了简化描述布谷鸟搜索算法并保证算法的准确性，这里引入以下三条理想化的规则。

(1) 每只布谷鸟每次只下一个蛋，并将其放入随机选择的巢中。

(2) 具有优质蛋的最佳巢穴会被带到下一代。

(3) 可用的寄生巢的数量是固定的，且寄主以概率 $p_a \in (0,1)$ 发现布谷鸟放的蛋。在这种情况下，寄主可以移除该鸟蛋或放弃旧巢另觅新巢。

　　每个巢中的蛋代表一个解，且每只布谷鸟只能下一个蛋，目的是使用新的解和可能更好的解 (布谷鸟) 来取代不太好的解。由于优质的算法特性，布谷鸟搜索算法可以延伸应用到其他较复杂的情况：每个巢中有多个蛋来代表一组解。本章只考虑最简单的情况，每个巢穴有且只有一个蛋。在这种情况下，蛋、巢或布谷鸟之间没有区别，因为每个巢对应一个蛋，这也代表一只布谷鸟。

　　全局随机行走使用 Levy 飞行：

$$x_{in}^{(t+1)} = x_{in}^{(t)} + \alpha \oplus L(\lambda) \tag{8.9}$$

式中，$x_{in}^{(t+1)}$ 和 $x_{in}^{(t)}$ 是通过随机置换选择的两个不同的解；

$$L(\lambda) = \frac{\lambda \Gamma(\lambda) \sin(\pi\lambda/2)}{\pi} \tag{8.10}$$

式中，$\alpha > 0$ 为步长缩放因子；$\Gamma(\lambda)$ (伽马函数) 也称为欧拉二次积分，是实数和复数阶乘后的函数。

　　伽马函数在实数域中定义为

$$\Gamma(x) = \int_0^{+\infty} t^{x-1} \mathrm{e}^{-t} \mathrm{d}t \tag{8.11}$$

　　此外，布谷鸟搜索算法具有局部搜索和全局搜索两种搜索能力，由切换淘汰概率 p_a 控制。正如前面提到的那样，局部搜索是非常密集的，搜索时间约为 $1/4(p_a = 0.25)$，而全局搜索约占总搜索时间的 3/4，这使得该算法可以在全局范围内更高效地探索搜索空间，从而以更高的概率发现全局最优解。

　　布谷鸟搜索算法的另一个优势是它的全局搜索使用 Levy 飞行，而不是单纯的随机行走。Levy 飞行遵循的重尾概率 (Levy 分布) 分布使其具有无限的均值和方差，因此可以比使用标准高斯过程的算法更有效地探索搜索空间。这一优势保证了布谷鸟搜索算法可以全局收敛，且其全局搜索更加高效 [11,12]。

8.2.3　云粒子群布谷鸟融合算法简介

　　经典粒子群优化算法虽然应用很广泛，但是具有诸多缺陷，如容易忽略最优解而陷入局部最优以及难以快速收敛等。为此，可以对经典粒子群优化算法进行改进，将其与云理论相结合形成云粒子群优化 (cloudy particle swarm optimization, CPSO) 算法。

　　云理论是一种定性知识描述和定性概念与其数量值表示之间的不确定性转换理论。在表达时，云理论把模糊性和随机性完全集成到一起，构成定性和定量相互间的映射，为定性与定量相结合的模糊信息处理提供了有力手段 [13]。

　　前面提到，为了获得更好的搜索能力，需要平衡粒子的局部搜索能力和全局搜索能力，引入了惯性权重 w。常规方法是将惯性权重 w 取为一个中间值，但是依然无法满足平衡局部搜索能力和全局搜索能力的需求。利用云理论来优化粒子群优化算法，可以优化其迭代公式中的权值。较大的惯性权重 w 有利于跳出局部最优，进行全局寻优；较小的惯性权重 w 有利于局部寻优，加速算法的收敛。因此，通过云理论可对粒子群优化算法实施不同的权值进化策略，以此来对粒子进行分群 [13]。利用云理论的模糊集理念，可以根据不同时刻的不同需要，计算出相应的惯性权重 w，以此来确保粒子群优化算法可以更加准确地进行搜索。

　　云理论的基本原理阐述如下。

　　假设有一个以 U 命名的定量论域，R 为其中的一个定性概念，当定量数值 m 是定性概念 R 在 U 上的随机实现时，m 对 R 的确定度是倾向于稳定的随机数，则 m 在 U 上的分布称为云。

　　云的特性如下。

　　(1) $\forall m \in U$，$u(m)$ 是从 U 到区间 [0,1] 倾向于稳定的随机数，但是数字有可能发生变化。

　　(2) 云粒子与云粒子之间的排序是随机的，概念特性的显示度由云粒子的密集程度决定，通常呈现一种正相关，即密度越大，显示度越大。

　　(3) 确定度可看成定性概念的量化程度。云粒子出现的概率越大，云粒子的确定度越大。

　　设粒子群中的 T 个粒子已经进行了 n 次迭代计算，在 M_i 粒子处计算出的目标函数适应度值为 f_i，计算粒子的平均适应度值的公式为

$$f_{\text{avg}} = \frac{1}{T} \sum_{i=1}^{T} f_i \tag{8.12}$$

　　根据适应度值可将粒子分为大于平均适应度值和小于平均适应度值两部分，分别求取各部分的平均适应度值，记为 $\bar{f}_{\text{avg}}$ 和 $\tilde{f}_{\text{avg}}$。由此，便将粒子分成以下三类。

　　(1) $f_i \leqslant \bar{f}_{\text{avg}}$，此时 f_i 较小，应加速全局收敛，w 取较小值，一般为 0.2。

　　(2) $\bar{f}_{\text{avg}} < f_i < \tilde{f}_{\text{avg}}$，此时取值适中，$w$ 采用云自适应惯性权重。

　　(3) $f_i \geqslant \tilde{f}_{\text{avg}}$，此时 f_i 较大，应加速局部收敛，w 取较大值，一般为 0.9。

　　云自适应惯性权重的产生过程如下。

　　(1) 求取期望，令 $E_x = \bar{f}_{\text{avg}}$。

　　(2) 求熵值，$E_n = (f_{\text{avg}} - f_{\min})/c_1$，其中 $f_{\min}$ 为当次迭代最优适应度值。

　　(3) 求超熵，$H_e = E_n/c_2$。

　　(4) 生成一个正态随机数，$E'_n = \text{normrand}(E_n, H_e)$。

(5) 得出权重，$w = \alpha e^{-(f_i - E_x)^2 / (2(E_n')^2)}$，$\alpha$ 的取值范围为 $[0.5, 0.9]$。

显然，w 的取值范围为 $[0.4, 0.9]$，且 w 的变化是与适应度值正相关的，即适应度值变大，w 也变大；适应度值变小，w 也变小。因此，在最优解附近的粒子可以选取较小的 w 值[14]，确保粒子搜索的准确性和收敛性。

利用云理论优化粒子群优化算法的基本过程如下。

(1) 初始化参数：粒子群规模为 N，维度为 D，最大迭代次数为 T，学习因子为 c_1、c_2。

(2) 初始化粒子速度参数和位置参数。

(3) 进行迭代，此时 $t = 1$。

(4) 计算适应度值和平均适应度值，并根据二者将粒子分为三个不同层。

(5) 根据平均适应度值所分成的三个不同层，对不同层的 w 进行赋值，其中平均适应度值较小的层，w 值取 0.2；平均适应度值较大的层，w 值取 0.9；中间层采用云理论进行求取。

(6) 按照公式进行迭代，更新粒子的位置和速度，得到粒子当前最优解；令 $t = t + 1$，判断是否达到最大迭代次数，如果达到则输出最优解和最佳适应度值，否则继续迭代，返回步骤 (4)。

CPSO 算法通过计算最小误差指标函数，得到当前个体最佳位置 $P_{\text{best}i}$ 和全局最佳位置 $G_{\text{best}g}$，随后利用布谷鸟搜索算法对个体位置进行搜索，计算对应的误差指标函数，比较 $P_{\text{best}i}$ 和 $G_{\text{best}g}$，搜索对应的误差指标函数 J 较小的位置，将新的位置替换为新的个体最佳位置 $P_{\text{best}i}$ 和全局最佳位置 $G_{\text{best}g}$。

由此，形成了云粒子群优化算法与布谷鸟搜索算法的融合，即云粒子群布谷鸟融合算法[13]。云粒子群布谷鸟融合算法的流程如图 8.2 所示。

8.2.4　函数优化仿真实例分析

用典型测试函数 Rastrigrin 函数进行试验，将 PSO 算法、PSO-CS 算法和 CPSO-CS 算法的寻优结果进行比较。在试验中，变量维数设为 30，求取最优适应度值作为性能比较的依据。测试函数如下：

$$f(x) = x^2 + y^2 - 10\cos(2\pi x) - 10\cos(2\pi y) + 20$$
$$\text{s.t. } |x| \leqslant 5, |y| \leqslant 5 \tag{8.13}$$
$$\min f(x^*) = f(0, 0, \cdots, 0) = 0$$

Rastrigrin 函数为多峰函数，当 $x = 0$ 时达到全局极小点。

在 MATLAB 中对 Rastrigrin 函数进行寻优仿真，函数三维图像如图 8.3 所示，寻优结果如图 8.4 所示。

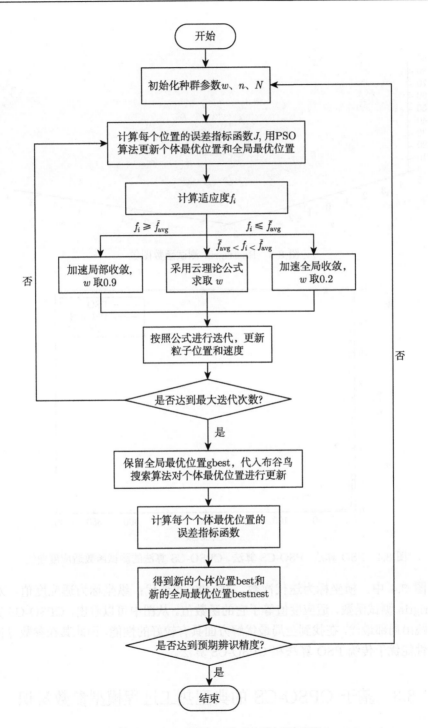

图 8.2　云粒子群布谷鸟融合算法的流程

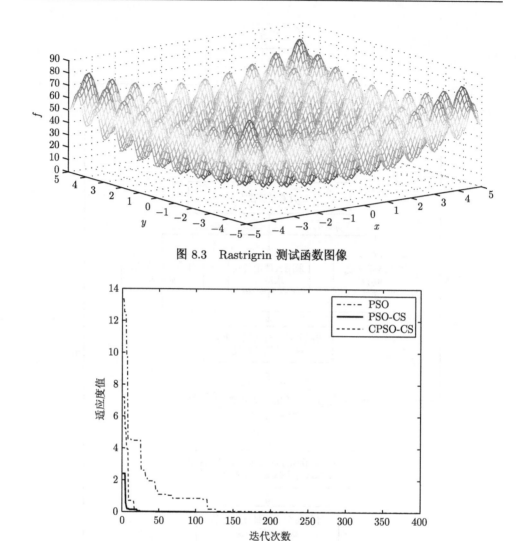

图 8.3   Rastrigrin 测试函数图像

图 8.4   PSO 算法、PSO-CS 算法、CPSO-CS 算法的测试函数适应度曲线

图 8.4 中，横坐标为迭代次数，共 400 次迭代；纵坐标为适应度值，对于 Rastrigrin 测试函数，适应度值等于它的函数值。从图中可以看出，CPSO-CS 算法可以跳出局部最优，在找到全局最优解方面具有较好的性能，因此其在参数寻优方面的性能优于传统 PSO 算法和 CPSO-CS 算法。

8.3   基于 CPSO-CS 的典型热工过程模型参数辨识

对于典型热工过程模型参数的辨识，需要确定过程模型传递函数的结构和参数。首先基于过程运行的输入输出历史数据，确定系统模型描述函数的结构，然后辨识出模型参数，通过误差指标函数判别辨识精度。根据历史曲线的特征选择估计模型形式，对象估计模型确定为高阶惯性环节：

$$G(s) = \frac{K}{(Ts+1)^n} \tag{8.14}$$

选取实际运行数据，以 .txt 形式存储，便于在 MATLAB 中读取。模型辨识主要对参数 K 和 T 进行辨识，首先假定热工过程被控对象的阶次 $n \in [1,4]$，设定 K、T 辨识的论域范围，$K \in (0,100)$，$T \in (0,500)$。

为了便于对燃气–蒸汽联合循环机组的实际运行数据进行分析和利用，下面以几个典型热工过程为例进行分析 [15-19]。

(1) 燃气轮机控制系统输出燃料量，作为输入通过阀门和燃料系统燃烧输出燃气流量，从而完成燃烧供给系统通过燃料燃烧产生高温高压气流的过程。

(2) 燃料供给系统燃烧产生的燃机气流进入燃气透平推动透平内叶轮转动做功，把燃气的内能转化为透平的机械能，引起排气流量变化。

(3) 气体进入涡轮机后，涡轮机内的叶轮转动发电，使燃气轮机的功率发生变化。

(4) 燃气轮机产生的高温燃气仍具有较高能量，将其送到锅炉，把水加热成蒸汽推动蒸汽轮机发电，引起余热锅炉排气温度的变化。余热锅炉产生的蒸汽推动蒸汽轮机转动发电，从而使排气温度变化引起蒸汽轮机的功率变化。

以北京某热电厂燃气–蒸汽联合循环发电机组的实际运行数据为依据，对其过程模型进行参数辨识，并与实测数据进行对比，两者的吻合程度可以验证所提出的联合循环机组典型热工过程模型及其参数辨识方法的有效性。

采用 CPSO-CS 算法和 PSO 算法分别针对其实际运行的历史数据进行过程模型的离线辨识，并对两者结果进行对比，其中 PSO 算法和 CPSO-CS 算法的基本参数如表 8.1 所示。

表 8.1　PSO 算法和 CPSO-CS 算法的基本参数

PSO 算法	种群数量/个	100	认知因子 c_1	0.6
	最大迭代次数	50	社会因子 c_2	0.8
	采样周期/s	5	淘汰因子 p_a	—
CPSO-CS 算法	种群数量/个	100	认知因子 c_1	0.6
	最大迭代次数	50	社会因子 c_2	0.8
	采样周期/s	5	淘汰因子 p_a	0.5

燃料供给系统供给燃料，通过燃烧室燃烧，产生高温高压气体，其中，过程输入为燃料流量，输出为燃气温度，其输入输出图形如图 8.5 所示，模型辨识效果如图 8.6 所示。

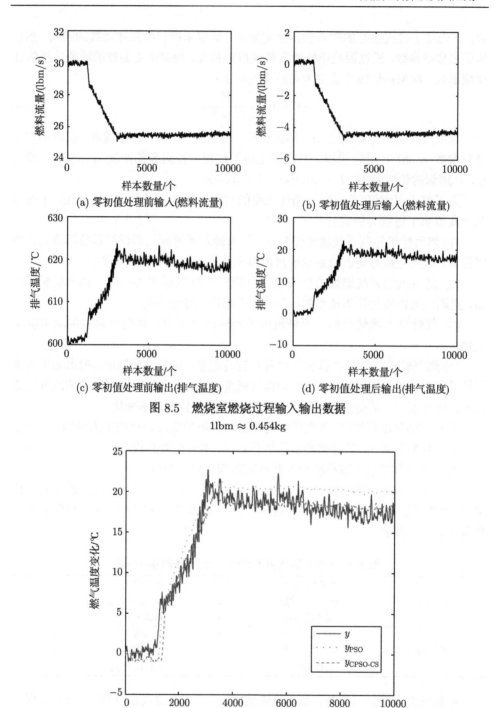

(a) 零初值处理前输入(燃料流量)

(b) 零初值处理后输入(燃料流量)

(c) 零初值处理前输出(排气温度)

(d) 零初值处理后输出(排气温度)

图 8.5　燃烧室燃烧过程输入输出数据

1lbm ≈ 0.454kg

图 8.6　燃烧室燃烧过程模型 PSO 算法和 CPSO-CS 算法的辨识效果对比

导叶开度变化会对燃料燃烧所产生的高温高压气体带来影响，引起排气流量变化。其中，过程输入为导叶开度，输出为排气流量，其输入输出图形如图 8.7 所示，模型辨识效果如图 8.8 所示。

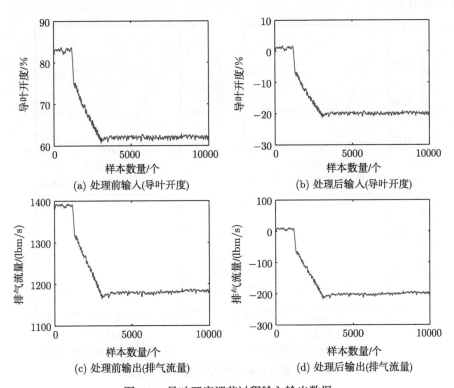

图 8.7　导叶开度调节过程输入输出数据

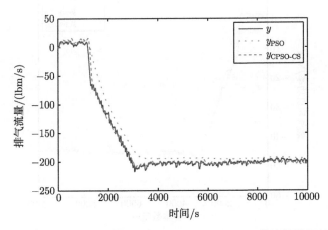

图 8.8　导叶开度调节过程模型 PSO 算法和 CPSO-CS 算法的辨识效果对比

　　气体进入涡轮机后, 涡轮机内的叶轮转动发电, 在燃气透平内, 燃气内能转化为燃机的机械能, 最终输出电能, 使燃气轮机的功率发生变化。其中, 过程输入为排气流量, 输出为燃气轮机功率, 其输入输出图形如图 8.9 所示, 模型辨识效果如图 8.10 所示。

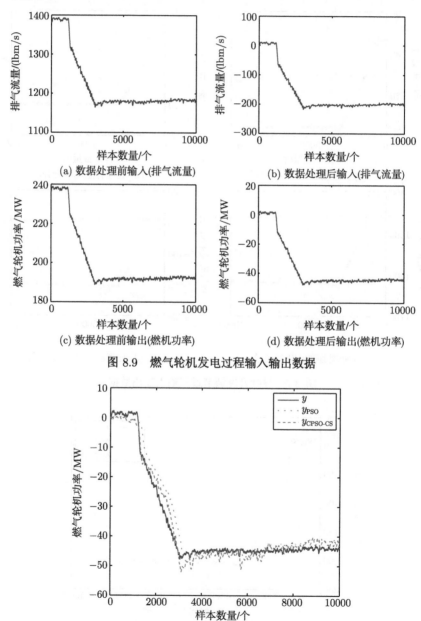

(a) 数据处理前输入(排气流量)　　　　　　(b) 数据处理后输入(排气流量)

(c) 数据处理前输出(燃机功率)　　　　　　(d) 数据处理后输出(燃机功率)

图 8.9　燃气轮机发电过程输入输出数据

图 8.10　燃气轮机发电过程模型 PSO 算法和 CPSO-CS 算法的辨识效果对比

此时气体仍具有较高的能量, 通过燃气轮机的气体被送到余热锅炉, 余热锅炉内的水被加热成蒸汽, 蒸汽推动蒸汽轮机旋转发电。其中, 过程输入为排气流量, 输出为蒸汽轮机功率, 其输入输出图形如图 8.11 所示, 模型辨识效果如图 8.12 所示。

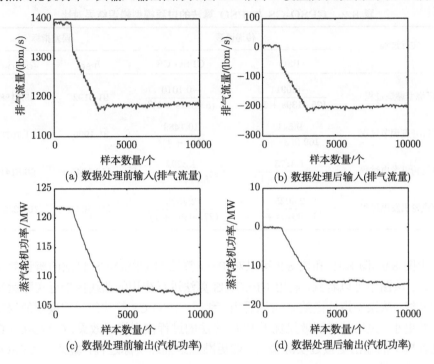

图 8.11　蒸汽轮机发电过程输入输出数据

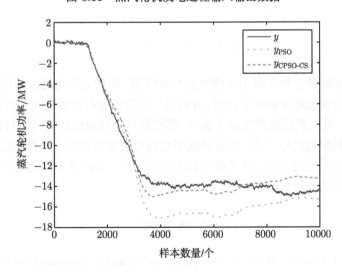

图 8.12　蒸汽轮机发电过程模型 PSO 算法和 CPSO-CS 算法的辨识效果对比

PSO 和 CPSO-CS 两种辨识算法基于燃气–蒸汽联合循环机组输入和输出历史数据的过程模型离线辨识结果以及相应的误差指标函数 J 如表 8.2 所示。

表 8.2 CPSO-CS 与 PSO 算法的过程模型辨识结果对比

实际过程	传递函数		误差指标	
	PSO	CPSO-CS	J_{PSO}	$J_{\mathrm{CPSO\text{-}CS}}$
燃烧室燃烧过程	$\dfrac{-0.0911}{(25.4139s+1)^2}$	$\dfrac{-0.1010}{(5.0012s+1)^2}$	91.0192	45.2188
导叶开度调节过程	$\dfrac{9.541}{169.963s+1}$	$\dfrac{10.1489}{(15s+1)^2}$	31.1996	11.7073
燃气轮机发电过程	$\dfrac{1.3173}{23.0128s+1}$	$\dfrac{1.3292}{(5.214s+1)^2}$	113.1245	56.8141
蒸汽轮机发电过程	$\dfrac{2.4025}{110.3015s+1}$	$\dfrac{2.4505}{(27.3036s+1)^2}$	213.5624	104.2551

由图 8.9~图 8.12 和表 8.2 可以对 PSO 算法和 CPSO-CS 算法的辨识效果进行对比。从图中可以看到,利用 CPSO-CS 算法进行辨识的曲线更接近实际运行数据的曲线;从误差指标函数 J 可以看出,利用 CPSO-CS 算法的过程模型的误差指标函数更小,说明其辨识效果优于 PSO 算法的过程模型辨识效果,CPSO-CS 算法的过程模型的输出更接近实际输出,能更准确地描述实际过程,验证了 CPSO-CS 算法的优越性。

8.4　本章小结

本章首先简要介绍了热工过程模型参数辨识,然后分别对粒子群优化算法、布谷鸟搜索算法和云理论进行了介绍,并将这三种算法进行融合给出了云粒子群布谷鸟融合算法,最后利用该算法基于燃气–蒸汽联合循环机组的实际运行数据对典型热工过程模型参数进行辨识,获得传递函数模型和模型参数,并将实际输出、PSO 算法模型输出和 CPSO-CS 算法模型输出进行对比,验证了 CPSO-CS 算法在过程模型辨识方面具有更好的效果。

参 考 文 献

[1] Kennedy J, Eberhart R. Particle swarm optimization[C]. Proceedings of IEEE International Conference on Neural Networks, Perth, 1995: 1942-1948.

[2]　Chang Q, Yang Y Q, Sui X, et al. The optimal control synchronization of complex dynamical networks with time-varying delay using PSO[J]. Neurocomputing, 2019, 133: 1-10.

[3]　Dong Z, Han P, Wang D F, et al. Thermal process system identification using particle swarm optimization[C]. Proceedings of IEEE International Symposium on Industrial Electronics, Montreal, 2006: 194-198.

[4]　de Azevedo Dantas A F O, Maitelli A L, Linhares L, et al. A modified matricial PSO algorithm applied to system identification with convergence analysis[J]. Journal of Control Automation & Electrical Systems, 2013, 26(2): 149-158.

[5]　Bounar N, Labdai S, Boulkroune A. PSO-GSA based fuzzy sliding mode controller for DFIG-based wind turbine[J]. ISA Transactions, 2019, 85: 177-188.

[6]　Yang X S, Deb S. Cuckoo search via levy flights[C]. Proceedings of World Congress on Nature & Biologically Inspired Computing, Coimbatore, 2009: 210-214.

[7]　Meng X J, Chang J X, Wang X B, et al. Multi-objective hydropower station operation using an improved cuckoo search algorithm[J]. Energy, 2019, 168: 425-439

[8]　Joshi A S, Kulkarni O, Kakandikar G M, et al. Cuckoo search optimization-A review[J]. Materials Today: Proceedings, 2017, 4(8): 7262-7269.

[9]　Liu C, Shahidehpour M, Li Z Y, et al. Component and mode models for the short-term scheduling of combined-cycle units[J]. IEEE Transactions on Power Systems, 2009, 24(2): 976-990.

[10]　Wang Z, Luo X L. Modeling study of nonlinear dynamic soft sensors and robust parameter identification using swarm intelligent optimization CS-NLJ[J]. Journal of Process Control, 2017, 58: 33-45.

[11]　Cheung N J, Ding X M, Shen H B. A nonhomogeneous cuckoo search algorithm based on quantum mechanism for real parameter optimization[J]. IEEE Transactions on Cybernetics, 2017, 47(2): 391-402.

[12]　Shivakumar R. Implementation of an innovative cuckoo search optimizer in multi-machine power system stability analysis[J]. Control Engineering & Applied Informatics, 2014, 16(2): 98-105.

[13]　邵岁锋. 基于云模型的改进粒子群算法研究与应用[D]. 长沙: 湖南大学, 2010.

[14]　胡素红, 方建安. 大滞后系统的 Smith 在线辨识预估控制的研究[J]. 机电工程, 2012, 29(3): 330-333.

[15]　严志远, 向文国, 张士杰, 等. 基于 Matlab/Simulink 的微型燃气轮机动态仿真研究[J]. 燃气轮机技术, 2014, 27(1): 32-37.

[16]　Ölmez M, Güzeli Ş C. Exploiting chaos in learning system identification for nonlinear state space models[J]. Neural Processing Letters, 2015, 41(1): 29-41.

[17]　Chapouly M, Mirrahimi M. Distributed source identification for wave equations: An off-line observer-based approach[J]. IEEE Transactions on Automatic Control, 2012, 57(8):

2067- 2073.

[18] Huang C Z, Zhang T Y, Dang X J, et al. Model identification of typical thermal process in thermal power plant based on PSO-CS fusion algorithm[C]. Proceedings of Chinese Control and Decision Conference, Shenyang, 2018: 3847-3852.

[19] 张天阳. 燃气-蒸汽联合循环机组典型热工过程模型辨识算法研究[D]. 北京：华北电力大学, 2019.